Claudia Bergmann-Scholvien · Schüßler-Salze für Pferd und Reiter

Claudia Bergmann-Scholvien

Schüßler-Salze
für Pferd und Reiter

Müller Rüschlikon

Einbandgestaltung: Luis Dos Santos
Titelfoto Pferd mit Reiterin: CAVALLO (Anmerkung der Autorin: Bei dieser Momentaufnahme ist die Reiterin ohne Reitkappe abgebildet. Die Autorin empfiehlt aber selbstverständlich beim Reiten grundsätzlich eine Reitkappe zu tragen.) Kleine Bilder (2): Archiv Claudia Bergmann-Scholvien

Bildnachweis: Fotos auf den Seiten 7, 41, 74, 137 oben
mit freundlicher Genehmigung der Firma Orthim GmbH
Archiv CAVALLO: Seite 17, 18, 101; www.pixelio.de Seite 20 und 49
Alle übrigen Fotos stammen aus dem Archiv von Claudia Bergmann-Scholvien

Alle Angaben, Methoden und Empfehlungen sind von der Autorin nach bestem Wissen und Gewissen aus ihrer jahrelangen Erfahrung heraus sorgfältig erwogen und geprüft. Die Autorin übernimmt keine Haftung für Personen- Sach- oder Vermögensschäden, die im Zusammenhang mit der Anwendung und Umsetzung entstehen können. Für einen eventuellen Missbrauch der Informationen in diesem Buch können weder Autorin noch Verlag oder die Vertreiber des Buches zur Verantwortung gezogen werden. Eine Haftung für Personen-, Sach- und Vermögensschäden ist ausgeschlossen.

ISBN 978-3-275-01667-9

Postfach 103743, 70032 Stuttgart
Ein Unternehmen der Paul Pietsch Verlage Gmbh+Co
Lizenznehmer der Bucheli Verlags AG, Baarerstr. 43, CH-6304 Zug

Sie finden uns im Internet unter www.mueller-rueschlikon-verlag.de

1. Auflage 2008

Lektorat: Claudia König
Innengestaltung: Sabine Heüveldop, Dülmen
Druck und Bindung: Graspo CZ, 76302 Zlin
Printed in Czech Republic

Inhalt

Inhalt

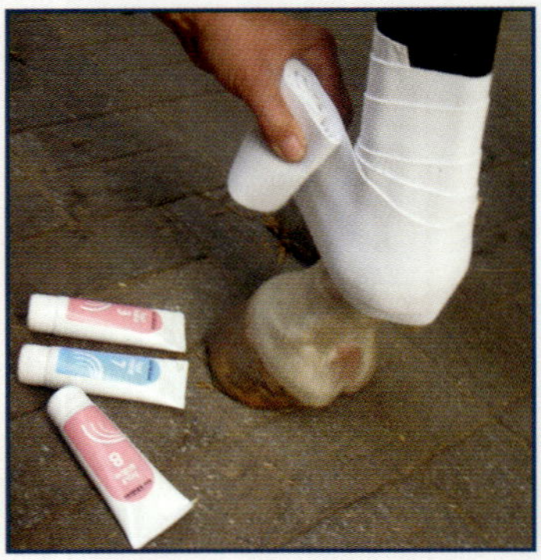

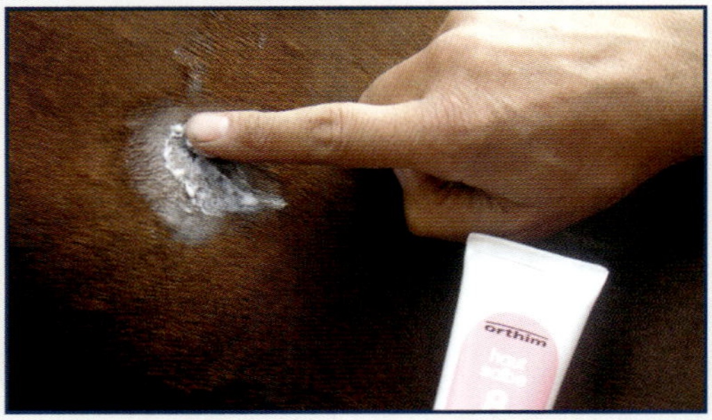

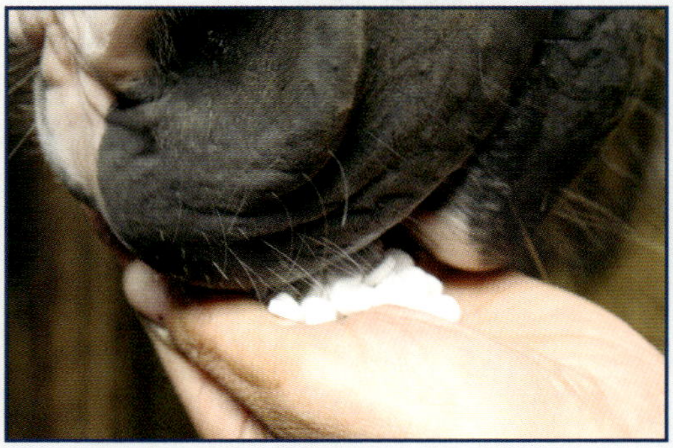

Inhalt

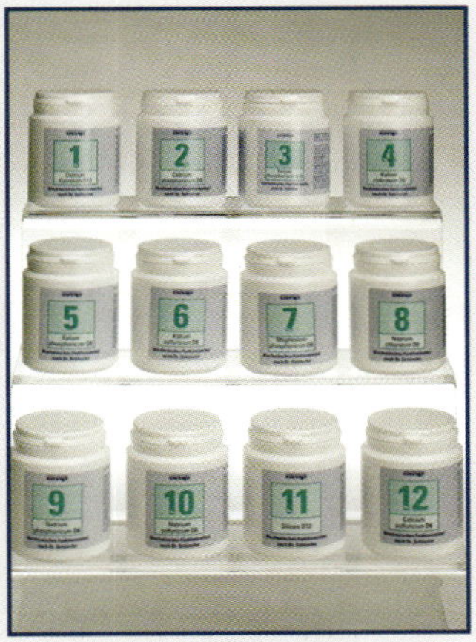

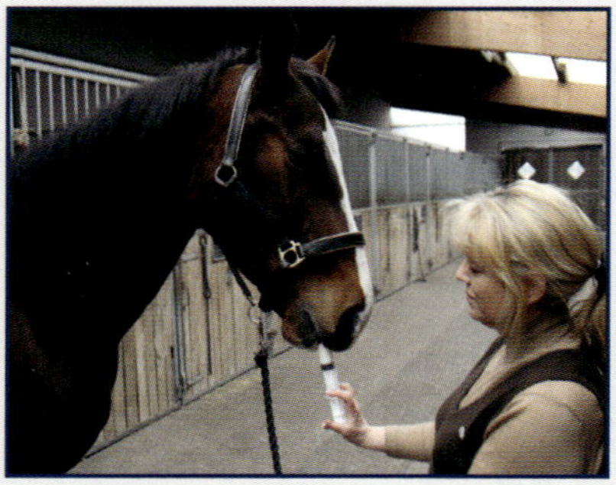

Inhalt

Vorwort

Claudia Bergmann-Scholvien

Dieses Buch widme ich allen Pferdeliebhabern, die ihr Pferd nicht als Sportgerät sehen, sondern es als ein Individuum respektieren, mit all seinen individuellen Ansprüchen und Bedürfnissen. Als einen Partner, dem Verständnis, Vertrauen und die Bereitschaft entgegengebracht werden muss, sich intensiv mit ihm auseinanderzusetzen. Als Pferdebesitzer sollte man stets hinterfragen, ob alles (Haltung, Einsatz des Pferdes usw.) im Sinne des Tieres geschieht.

Es gibt heute so viele Informationen über Pferdehaltung, Pflege, Fütterung und Ausbildung, dass man durchaus den Überblick verlieren kann, was richtig oder was falsch ist. Vielfach kommt dazu, dass selbst derjenige, der nur wenig Erfahrung mit Pferden hat, sich bereits als Pferdekenner sieht und Ratschläge erteilt. Die Resultate sind dann leider oft katastrophal.

Trotz der vielen Informationen ist es erschreckend, immer noch feststellen zu müssen, dass Pferde mitunter 24 Stunden in kleinen, dunklen, schlecht belüfteten und bei weitem nicht pferdegerechten Boxen, ohne regelmäßige Bewegung gehalten werden.

Viel zu früh werden junge Pferde eingeritten und auf Turnieren einem unnötigen Stress ausgesetzt, um Erfolge zu sammeln oder um einen besseren Verkaufspreis für sie zu erzielen. Zudem werden stetig neue Ausbildungsmethoden entwickelt, die dem Wohl der Tiere zum Teil wenig dienlich sind.

Viele psychische und physische Auffälligkeiten sind bei Pferden Ursache unsachgemäßer Haltung, falschen Umgangs und schlechter Ausbildung. Aus diesem Grund ist es so wichtig, Pferde artgerecht zu halten und ihre Ausbildung pferdegerecht zu gestalten.

Als traditionelle Pferdehalter blicken mein Mann und ich auf nunmehr 30 Jahre Erfahrung zurück. Dabei durften wir die unterschiedlichsten Rassen von der Zeugung, der Geburt bis zu ihrem letzten Weg betreuen und begleiten. Immer wieder mussten wir feststellen, dass wir stets noch dazulernen konnten und es nach wie vor müssen, um das Individuum Pferd zu verstehen. Denn erst wenn wir bereit sind, das Pferd wirklich zu verstehen, können wir sicher sein, dass wir in vielerlei Hinsicht dem Dank und dem Vertrauen des Pferdes würdig sind.

Ich blicke mittlerweile auf über 25 Jahre naturheilkundlicher Praxiserfahrung für Mensch und Tier zurück, in der viele Therapien wie Akupunktur, Magnetfeldtherapie und Homöopathie zum Einsatz kommen.

Auch die Therapie mit Schüßler-Salzen haben wir kennen und schätzen gelernt. Natürlich wurden diese Therapien anfangs von vielen belächelt und als »Außenseitermedizin« bezeichnet, und es war oftmals nicht leicht, die Wirkungsweise der Therapien zu erklären. Auch die Kritik von schulmedizinisch arbeitenden Fachleuten war zunächst recht groß und man bediente sich bei Therapieerfolgen im Wesentlichen der Argumentation von Glaube und Hoffnung. Tatsächlich ist es jedoch vielfach so, dass gerade bei Tieren, die naturheilkundlichen Behandlungen echte Wirkungen zeigen und eben nicht dem psychologischen Einfluss des Therapeuten zuzuschreiben sind. Somit wurden bei vielen Erkrankungen und Leiden von Pferden, Hunden, Katzen und anderen Tieren diese Therapien bereits mit Erfolg angewandt. Wichtig erscheint mir jedoch zu erwähnen, dass ich stets den Weg einer vernünftigen und sinnvollen Zusammenarbeit mit dem Tierarzt gesucht habe oder auf eine tierärztliche Begleitung nicht verzichten wollte und konnte. Bei Verletzungen und anderen schwerwiegenden Krankheiten war und ist es für uns ganz klar, den Tierarzt zu rufen. Es ist wichtig zu erkennen, dass alternativen Behandlungen immer Grenzen gesetzt sind. Anzumerken ist aber auch, dass viele Erkrankungen, die bei einer veterinärmedizinischen Behandlung nicht geheilt werden konnten, oder als austherapiert galten, durch den Einsatz naturheilkundlicher Behandlungsmethoden, in unserem Fall meist durch die Schüßler-Salze, zur Besserung und Heilung führten.

Die Schüßler-Salz-Therapie hat in meiner Praxis einen sehr großen Stellenwert. Die positive Wirkung der Salze bei Erkrankungen und Beschwerden von Menschen jeden Alters ist mittlerweile durch viele Veröffentlichungen, Vorträge und Veranstaltungen sehr bekannt und wurde in der Praxis bestätigt. Es liegt also nahe, auch den Einsatz für das Tier – hier im Speziellen für das Pferd – sinnvoll abzustimmen.

Natürlich muss eine Umsetzung vom Menschen auf das Pferd immer mit Blick auf die bedeutenden physischen und psychischen Unterschiede gesehen werden und bedarf auch hier einer intensiven Beschäftigung und langjährigen Erfahrung mit Pferden.

Die vielen positiven Resultate beim Einsatz von Schüßler-Salzen gaben den Anlass, über unsere Erfahrungen zu berichten. Durch die Unterstützung meines Mannes, der neben seiner beruflichen Ambition als Pferdewirtschaftsmeister über eine außergewöhnliche

Beziehung zum Pferd verfügt, dessen Befindlichkeiten wahrnehmen, einschätzen und daher mit ihm auf einzigartige Weise kommunizieren kann, konnten viele differenziertere Anwendungsmöglichkeiten der Schüßler-Salze erarbeitet und in diesem Ratgeber aufgezeigt werden.
Unsere Erkenntnisse möchte ich in diesem Buch nach bestem Wissen und Gewissen an die Pferdefreunde und Schüßler-Salz-Interessierten weitergeben.
Es werden viele Anwendungsmöglichkeiten dargelegt und viele positive Erfahrungen mit den Salzen beschrieben. Sie dienen allerdings nicht der kritiklosen Anwendung bei jeglichem Problem. Das Buch soll und darf nicht zum laienhaften Behandeln von akuten und ernsthaften Erkrankungen anregen, ohne jegliche fachliche Kontrolle und Begleitung. Ebenso gibt es bei der Anwendung von Schüßler-Salzen keine Garantie für Linderung und Heilung.
Ein kleines Kapitel wird dem Pferdefreund und Reiter gewidmet. Ich hoffe, dass er sich durch die Ausführungen auch selbst dazu bewegen lässt, den Blick für sein eigenes Wohlbefinden zu schärfen. Für ein harmonisches Miteinander von Mensch und Pferd ist es sehr wichtig, dass es auch dem Menschen gut geht. Schließlich sind Pferde hoch sensible Tiere, die auf Befindlichkeiten ihrer Pfleger und Reiter reagieren.

Ich wünsche Ihnen viel Freude beim Lesen und natürlich viel Erfolg bei der Anwendung von Schüßler-Salzen!

Ihre
Claudia Bergmann-Scholvien

Literaturnachweis

Richard Kellenberger & Friedrich Kopsche: Mineralstoffe nach Dr. Schüßler, Ein Tor zu körperlicher und seelischer Gesundheit, Baden 1997

Dr. med vet H. Späth, Dr. med vet. G. Löw, E. Reinhart: Gesunde Tiere mit biologischer Medizin, Naturheilkunde für Heim- und Haustiere, Baden-Baden 2005

Werner Hemm & Stafan Mair: Die Komplex-Biochemie, Therapie mit kombinierten Mitteln auf der Grundlage der biochemischen Heilweise nach Dr. Schüssler, Augsburg 2006

Leitfaden zur Biochemischen Behandlung unserer kranken Haustiere, Prakt. Biochem. Tierarzt von F. Meinert, Bünde i.W. 1996

Lehrbuch der speziellen Veterinärchirurgie Teil I und II
Bolz-Dietz-Schleiter-Teuscher
VEB Gustav Fischer Verlag Jena 1974

Vorwort

Tierärztliche Klinik für Pferde
Tierärztliche Praxis für Kleintiere
Dr. med. vet. Meyer-Wilmes
- Fachtierarzt für Pferde -
Harsewinkeler Str. 43 - 33803 Steinhagen - Brockhagen
Tel: 05204 / 92 09 55 + 92 09 56 - Fax: 05204 /88 86 98

Dr. Meyer-Wilmes Harsewinkeler Str.43 33803 Steinhagen-Brockhagen

Als Fachtierarzt für Pferde mit eigener Klinik und einer Praxis für Kleintiere wecken in mir die Erfahrungen von Claudia Bergmann-Scholvien in der Anwendung der Schüßler-Salze bei Mensch und Tier – insbesondere beim Pferd – ein besonderes Interesse.

Ohne Anspruch, ein »Allheilmittel« für die vielen psychosomatischen wie sicherlich auch psychischen Erkrankungen des Pferdes mit der Nutzung der Schüßler-Salze gefunden zu haben, verdeutlicht die Autorin sachlich, konkret und viel versprechend sowohl ihre Erkenntnisse als auch Erfahrungen in dieser Dokumentation.

Sie hebt ausdrücklich hervor, dass sie nicht den Anspruch einer wissenschaftlichen Abhandlung präsentiert, trotzdem sind ihre unverhüllten Beobachtungen, Erfahrungen und Erkenntnisse sicherlich nicht nur lesenswert. Die Sensibilität, die Differenziertheit und das Gespür für den konkreten Einsatz bestimmter Mineralsalze beim Pferd zu entwickeln, um das »Wohlfühlgefühl« unseres Vierbeiners, Freund und Sportlers zu verbessern, ist letztlich unser aller Anliegen.

Claudia Bergmann-Scholvien weist hier auf einen alternativen Weg hin, der nach meiner Einschätzung nicht nur Beachtung und Respekt verdient, sondern uns Mut machen sollte, Bewährtes zu nutzen und Neues zu versuchen.

Vielleicht sollte sich für uns Veterinärmediziner auf Grund dieser Dokumentation eine neue Sichtweise ergeben, über die Kombination von veterinärmedizinischen und alternativen Behandlungsmethoden vermehrt nachzudenken. Letztendlich wollen wir doch alle unsere Vierbeiner besser verstehen und ihnen gerecht werden.

Mit besten Empfehlungen
eines Pferdefreundes

Dr. Matthias Meyer-Wilmes
Inhaber der Fachtierklinik für Pferde/
Brockhagen NRW

Vorwort

»Information: Jeder Unterschied, der einen Unterschied macht.«
Gregory Bateson

Martina Nachtsheim
Director of Disaster Relief Unit
VIER PFOTEN – Stiftung für Tierschutz

Dieses Buch macht einen Unterschied! Mit dem vorliegenden Buch ist es leicht, fachlich fundierte Information über Dr. Schüßlers Salze und ihre Wirkungsweise zu finden und es geht noch weiter, es hilft dabei zu erkennen, was im eigenen Umgang mit dem Pferd hilfreich für die Gesundheit sein kann.
Schon in den ethischen Grundsätzen des Pferdefreundes der Deutschen Reiterlichen Vereinigung ist zu lesen, dass wer immer sich mit dem Pferd beschäftigt, die Verantwortung für das ihm anvertraute Lebewesen übernimmt und es steht dort ganz explizit geschrieben: »Der physischen wie psychischen Gesundheit des Pferdes ist unabhängig von seiner Nutzung oberste Bedeutung einzuräumen.«
Dazu reicht es bei Weitem nicht, regelmäßig Wurmkuren zu geben, die Hufe einzufetten und im Notfall den Tierarzt zu holen. Um die physische wie psychische Gesundheit des Pferdes zu erhalten oder wieder herzustellen bedarf es einer konsequenten persönlichen Auseinandersetzung mit dem Thema – ob als Halter, Reiter oder Veterinärmediziner – und den Dialog ebendieser miteinander. Schließlich geht's um ein uns anvertrautes Lebewesen.
Mein berufliches Engagement im Tierschutz zeigt mir immer wieder, wie viel Leid ungewollt aufgrund von mangelndem Wissen entsteht.
Als Leiterin eines Tierheims (www.pfotenhilfe.at) bin ich so oft traurig berührt von den Opfern, die dann bei uns abgestellt werden, weil sie nicht mehr *funktionieren*, oder was bei Pferden meist der tragische Fall ist, auf dem Schlachttransport nach Italien landen.
Ich sehe aber auch, welche Erfolge wir mit unseren Pferden haben, die wir gemeinsam mit Experten psychisch und physisch wieder aufbauen. Wir lernen stets dazu. Es helfen uns dabei neue Methoden und neue Erkenntnisse und es hilft uns zudem jedes einzelne Pferd. Wenn es uns wieder gelingt, ein als unreit- oder unbrauchbar abgestelltes Pferd genesen an einen neuen guten Platz zu vermitteln, haben wir die Bestätigung für unsere ganzheitliche Arbeitsweise.
Daher gilt mein großer Dank der Autorin, die ihr profundes Know-how so leicht les- und nachvollziehbar zur Verfügung stellt und damit Tiergesundheit von mehreren Seiten beleuchtet. Das ist ein lebendiger Beitrag zum Tierschutz, der ansetzt, bevor Leid entsteht.
Wäre es nicht schön, wenn es Ihnen und Ihren Tieren gut geht und Sie sich wohl fühlen in Ihrer Haut? Wäre es nicht schön, wenn Sie die gemeinsamen Stunden mit Ihrem geliebten Vierbeiner im gemeinsamen Verständnis genießen können? Mehr als bisher?
Dieses Buch ist zu verstehen als eine Einladung, eine Methode und eine von Respekt

getragene Haltung kennen zu lernen und auch so manches anzuwenden. So gebe ich Ihnen eine kleine Leseempfehlung für dieses Fachbuch:

1. Keine Scheu davor, eigene Fehler zu finden – schlimm wäre nur, sie nicht zu finden und sie weiter zu begehen.
2. Freude an der Erkenntnis – sie ermöglicht uns ein größeres Repertoire an Möglichkeiten, sodass wir unsere Entscheidungen auf einem breiteren Fundament treffen können.
3. Offenheit für neue Fragen – die Qualität von Gespräch und Diskussion wird Ihnen und Ihren Schützlingen neue Möglichkeiten eröffnen.

Ich wünsche Ihnen Freude beim Lesen, Andenken, Wiederlesen, Hinterfragen und Finden für die Gesundheit Ihres Pferdes.

Martina Nachtsheim
VIER PFOTEN- Stiftung für Tierschutz

www.vier-pfoten.org

Man muss es ganzheitlich sehen!

Die Bedeutung der Pferdehaltung

Im Nachfolgenden möchten ich einige Denkanstöße geben, die zur Gesunderhaltung und Optimierung der Lebensbedingungen Ihres Pferdes beitragen können. Das ist für mich ein ganz wichtiger Aspekt für den Einsatz der Schüßler-Salze. Ich berufe mich hier neben allgemeinen wissenschaftlichen Erkenntnissen über das Pferd auch auf die Erfahrungen wirklich versierter Meister der Reiterei, die eben nicht nur die artgerechte Ausbildung beherrschten, sondern sich sowohl mit der Haltung, Fütterung sowie der physischen und psychischen Gesunderhaltung des Pferdes intensiv auseinandersetzten.

Durch die persönlichen Erfahrungen habe ich zusammen mit meinem Mann über die Jahrzehnte die gewissenhaft überlieferten Erkenntnisse immer wieder bestätigt gefunden. Ich möchte an dieser Stelle auf die wichtigsten Kriterien zur Gesunderhaltung der Tiere hinweisen und den Pferdebesitzer darauf aufmerksam machen, zu beobachten, was für sein Pferd wirklich gut ist und was ihm unter Umständen schaden kann.

Diese Zusammenstellung ist keinesfalls als endgültig zu verstehen. Es ist wichtig, die heutigen Erkenntnisse, die durch moderne Untersuchungsmethoden und Möglichkeiten gegeben sind, mit einzubeziehen und zu bedenken. Das wichtigste Ziel von uns Pferdebesitzern und Reitern muss sein, dem

Pferde brauchen den täglichen Weidegang, wenn möglich im Herdenverband.

Wohl des Pferdes zu dienen. Dabei kann es manchmal schwer werden, sich im Dickicht des enorm gewachsenen Marktes rund um das Pferd zurechtzufinden und die Spreu vom Weizen zu trennen. Es hat sich eine unüberschaubare Vielzahl von selbsternannten Pferdeexperten und vermeintlichen Pferdeflüsterern mit ergebener Anhängerschaft gebildet, die viele althergebrachte, wertvolle Erkenntnisse umdefinieren und ihre eigene Philosophie stricken. Jeder Pferdebesitzer sollte daher immer kritisch bleiben, wenn jemand für sich reklamiert, alles zu wissen und zu können.

Pferde brauchen Kontakt zu Artgenossen.

Dieses Buch soll dazu anregen, sein Pferd intensiv zu betrachten und darüber hinaus auch ein Verständnis zu entwickeln, die physischen und psychischen Aspekte seines Pferdes immer in einem Zusammenhang zu sehen.

In der freien Wildbahn leben Pferde in Herdenverbänden, legen täglich mehrere Kilometer von einem Futterplatz zum anderen zurück und nehmen dabei ständig kleine Mengen Futter zu sich. Diese häufige Futteraufnahme und die ständige Bewegung sorgen für einen ausgeglichenen Stoffwechsel und damit für eine optimale Verwertung und Verarbeitung der Nahrung. In einer Herde bilden sich bestimmte Rangordnungen, die verteidigt und akzeptiert werden. Hierbei bedienen sich Pferde der unterschiedlichsten arttypischen Verhaltensweisen wie das Ohrenanlegen als Zeichen der Drohung oder das Mähnenknabbern und Felllecken als Zeichen von Sympathie und Zugehörigkeit. In der Natur sind Pferde zudem den unterschiedlichsten Witterungen ausgesetzt. Diese Bedingungen fördern die Anpassungsfähigkeit auf ungewöhnliche Wetterlagen, härten sie ab, stabilisieren ihr Immunsystem und selektieren naturgegeben auch die Schwächsten von den Stärksten, die sich dann fortpflanzen können. Der dabei entstehende Stress für die Tiere wird durch die natürliche Lebensweise kompensiert.

Heute sind Pferde sehr vielen Situationen ausgesetzt, die für sie Stress bedeuten, aber nicht mehr kompensiert werden und Mängel hervorrufen, die über kurz oder lang zu Verhaltensänderungen bis hin zu Krankheiten führen können.

Hier einige der wichtigen Voraussetzungen für eine gesunde Pferdehaltung:

- Mehrmaliges Füttern von kleinen Kraftfutterportionen am Tag
- Ausreichendes Angebot von qualitativ hochwertigem Raufutter
- Trockene, saubere Boxen mit Stroh- oder Holzschnitzel-Einstreu

Im Offenstall sind Pferde verschiedenen Reizen ausgesetzt. Es ist einfach viel mehr los …

Hier haben Pferde die Möglichkeit, frei zu wählen, ob sie sich im Stall oder im Außenbereich aufhalten.

- Eine geräumige Box, im Idealfall mit einem Paddock
- Täglicher Weidegang, wenn möglich im Herdenverbund
- Dem Pferd die Gelegenheit geben, auch im Stall soziale Kontakte zu Artgenossen zu pflegen, d. h. Sichtkontakt durch offene Boxen zulassen
- Bei Unbehagen des Pferdes gegenüber einigen Artgenossen die Möglichkeit des Rückzuges geben, evtl. Box wechseln, wenn sich die Pferde nicht verstehen
- Der Stall soll luftig und lichtdurchflutet sein. Es darf kein Durchzug herrschen.
- Pferde sollten die Witterungen erleben, um abgehärtet zu werden. Regenwetter und trockene Kälte schaden dem Pferd im Allgemeinen nicht
- Die Pferde so wenig wie möglich eindecken
- Bei der Arbeit in der Halle auf staubfreies Klima achten
- Häufiges Waschen der Pferde aus Rücksicht auf einen gesunden pH-Wert der Haut vermeiden
- Tragenden Stuten eine geräumige Abfohlbox bieten
- Stute mit Fohlen in einem Herdenverband integrieren und dem Fohlen viel freien Auslauf und sozialen Kontakt bieten
- Hengst und Stute im Stall separieren, um beide dem Stress der Rosse nicht unmittelbar auszusetzen
- Und vieles mehr ...

Der tägliche Umgang mit dem Partner Pferd

Dieser Abschnitt beschäftigt sich mit dem artgerechten Umgang, denn eines ist sicher: Pferde haben sich den Gegebenheiten der heutigen Zeit anzupassen und können nicht zwischen einem Gut oder Schlecht wählen. Außerdem ist das Pferd als einziges Säugetier nicht in der Lage, sich durch laute Schmerzensschreie zu äußern, wie etwa der Hund. Pferde leiden auf subtile Art – entweder still oder mit angsterfüllter Panik. Beides wird vielfach fehlinterpretiert und bedarf äußerster Sensibilität, Erfahrung und vor allem die Zurücknahme eigener erfolgsorientierter Ansprüche. Menschliche Eigenschaften dem Pferd zuzuschreiben ist ebenso falsch, erzieherische Maßnahmen mit Druck und Gewalt sind kontraproduktiv. Ein Pferd ist kein Spielzeug oder Lebenspartnerersatz, ebenso wenig ein Sportgerät, welches man nach Bedarf benutzt und wieder wegstellt. Der Mensch ist für das Pferd ein »Artgenosse«, der durch sein Verhalten die Rangordnung bestimmt und ein stressfreies Zusammensein möglich macht. Erst dann ist das Pferd willig, den Einsatz zu zeigen, den der Reiter erwartet. Viele psychische und physische Disharmonien bis hin zu ernsthaften Krankheiten sind häufig die Ursache unsachgemäßen Umgangs, unabhängig davon, ob das Pferd nur auf der Wiese steht, in der Freizeitreiterei oder im Leitungsport eingesetzt werden soll.

Ich habe zum Beispiel so meine Zweifel, dass Pferde in Urlaubsländern Spaß daran haben, einen unerfahrenen, vielleicht noch übergewichtigen Urlauber kilometerweit am Strand entlang oder über Feld und Wiesen zu tragen, der noch dazu ihnen mit unruhigen Händen in ihren empfindlichen Mäulern reißt. Oder was ist mit den Reitschulpferden, die tagein, tagaus Anfänger in stupider Arbeit durch die Reitstunden bringen müssen, die womöglich in dunklen Ställen gehalten werden und in staubigen Hallen ihren Dienst tun. Denken Sie doch nur mal an die vielen Pferdchen, die auf Jahrmärkten in kleiner Manege ihre Runden drehen. Diese Ponys sollte man fragen können, ob ihnen ihr »Job« gefällt. Es ist vielleicht lustig seine Kinder auf diese Pferde zu setzen und sicher haben die Kinder auch ihren Spaß … Aber was ist mit den Pferden?

Bedenklich ist auch falsch verstandene Tierliebe, die mitunter nicht nur negative Folgen für das Pferd hat, sondern auch für den Menschen nicht ungefährlich ist. Als Fohlen sind Hengste noch niedlich, können spielerisch gerne mal den Menschen anrempeln, zwicken oder gar anspringen. Später kann dieses Verhalten zu äußerst gefährlichen Situationen führen und einen normalen Umgang mit

Kinder sollten früh lernen, welche Bedürfnisse ihre Freunde, die Pferde, haben.

den Tieren unmöglich machen. Meist werden diesen falsch erzogenen Hengsten dann mit brutaler Gewalt die vermeintlichen Unarten ausgetrieben, um sie zu bändigen. Es muss jedem Pferdebesitzer klar werden, dass dem Tier durch eigene Unerfahrenheit oder Uneinsichtigkeit schwere Nachteile entstehen können. Deshalb empfehle ich jedem Pferdeliebhaber, das eigene Tun in allen Bereichen – Haltung, Pflege und Ausbildung – immer wieder zu überdenken. Man sollte sich an wirklich erfahrenen und verantwortungsvollen Ausbildern orientieren und nie aufhören, dazulernen zu wollen.

Eine wichtige Voraussetzung für die Gesunderhaltung des Pferdes ist, alle Stressfaktoren so weit wie möglich zu vermeiden und die gegebene Situation für das Pferd immer wieder kritisch zu hinterfragen.

Die Bedeutung der Ausbildung

Die artgerechte Haltung ist für jedes Pferd die Basis und eine wichtige Voraussetzung auf seinem Weg zum ausgeglichenen und leistungsbereiten Reitpferd. Es ist dabei völlig egal, ob es später mal als Freizeitpferd genutzt wird oder seinen Platz im Sport findet. Entscheidend bei der behutsamen sowie pferdegerechten Ausbildung ist, dass sich der Ausbilder die Zeit nimmt, die einzelnen Ausbildungsstufen zu festigen, und dabei die Befindlichkeiten des Pferdes nicht aus den Augen verliert. Ähnlich wie beim Menschen, gibt es auch beim Pferd so genannte Frühentwickler oder Spätzünder, sodass ein allgemein gültiger Zeitpunkt für den Ausbildungsbeginn nicht genannt werden kann. Zu bedenken gilt, dass ein körperlich voll entwickeltes Pferd nicht unbedingt psychisch schon in der Lage sein muss, den Anforderungen leistungsorientierter Ausbildung gerecht zu werden. Übermäßiger Druck, Bestrafungen und Zwang sind die denkbar schlechtesten Voraussetzungen für eine gute Zusammenarbeit. Außerdem kann psychische Überforderung eines Pferdes letztendlich auch zu körperlichen Problemen führen, die sich dann möglicherweise durch das ganze weitere Leben ziehen. Rückenprobleme mit den entsprechenden Auswirkungen sind hinreichend bekannt, so auch Verspannung und die damit einhergehende Minderdurchblutung der Gelenke und Sehnen und deren Folgen. Befassen muss man sich auch mit den angeblich »modernen« Formen mancher Ausbildungsgurus. Diese versprechen oft eine schnelle und leichte Ausbildung mit allerlei Hilfsmitteln. Dabei schaden sie dem Pferd oftmals mehr, als dass sie ihm helfen. Ein charakterlich gefestigter und mit Geduld und Verständnis ausgestatteter, einfühlsamer Reiter, der gewillt ist, sich selbst und seine Methoden immer kritisch zu hinterfragen, wird dem jungen Pferd die nötige Basis geben, mitzuarbeiten und leicht dazuzulernen. Die willige und freudige Mitarbeit des Pferdes setzt den Grundstock für das weitere Wohlbefinden und die Gesunderhaltung des Tieres, egal in welcher Reitsport-Disziplin. Sie schafft Vertrauen und ebnet den Weg für dauerhafte harmonische Verbundenheit.

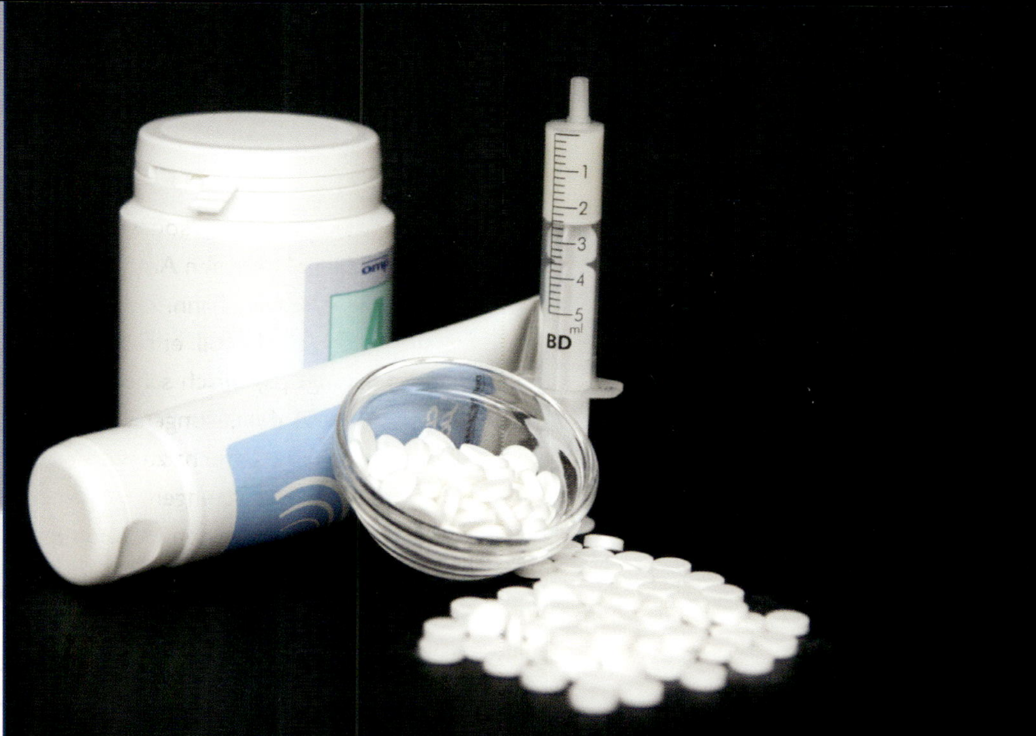

Basisinformationen zu den Schüßler-Salzen

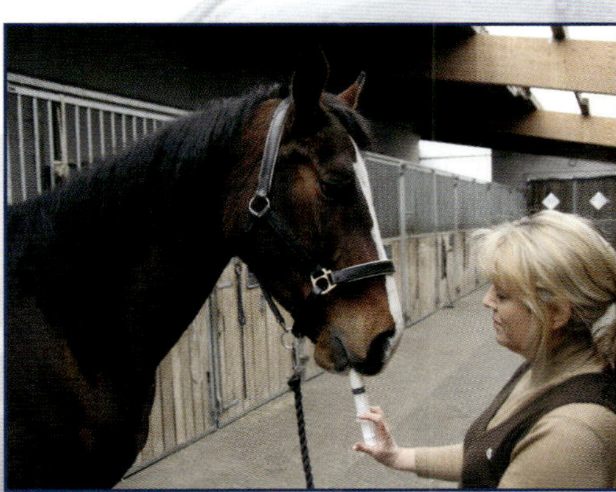

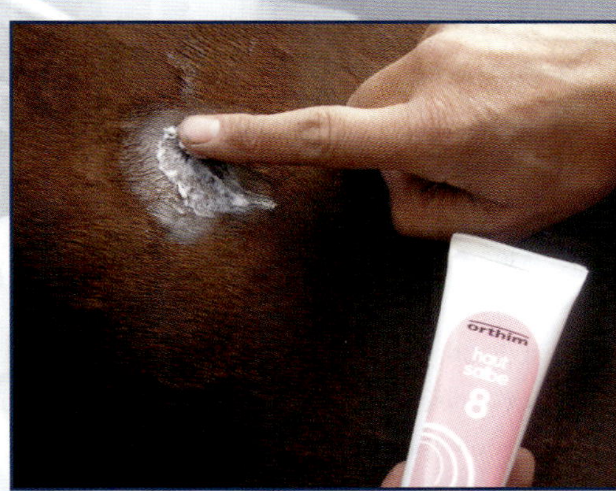

Dr. Wilhelm Heinrich Schüßler

Einführung

»Gesundheit ist das quantitative Gleichgewicht der einzelnen Mineralsalze, Krankheit entsteht erst durch das Ungleichgewicht dieser Mineralsalze.«
Dr. Wilhelm Heinrich Schüßler

Diese bald 100 Jahre alte Aussage von Dr. Wilhelm Heinrich Schüßler ist bis heute eine zentrale Erkenntnis in der Biologie von Mensch und Tier. Mineralsalze, die fehlen, führen über kurz oder lang zu Störungen im gesamten Organismus und im weiteren Verlauf zu den unterschiedlichsten Krankheiten. Tiere wissen das und suchen in freier Wildbahn von sich aus nach Mineralien. Hier kann man als Beispiel die Elefanten in Afrika anführen, die zielsicher über Hunderte Kilometer zu einer Mineralsalzstelle wandern, um ihren Mineralhaushalt wieder aufzufüllen. Auch andere Wildtiere handeln instinktiv, um an geeignete Mineralsalze heranzukommen.

Tiere, die heute mit uns eng zusammenleben, sind darauf angewiesen, dass wir für eine ausgewogene Zufuhr von Nährstoffen sorgen. Auch unsere domestizierten Tiere finden mitunter Mittel und Wege, einen Mineralstoffmangel auszugleichen. Dabei sieht man dann die ungewöhnlichsten Verhaltensweisen: Pferde, die an ihren Gitterstäben oder am Holz schlecken, die bei einem Weidegang versuchen, Erde aufzugraben, um diese dann aufzunehmen. Vor allem Lehmböden sind aufgrund ihrer mineralhaltigen Zusammensetzung für die Pferde besonders schmackhaft.

Auch Hunde zeigen manchmal ungewöhnliche Verhaltensweisen, wenn ihnen bestimmte Stoffe fehlen. So beobachtet man, dass sie ihren eigenen Kot oder den anderer Tiere fressen.

Tatsache ist, dass die Tiere meist erkennen lassen, wenn ihnen etwas fehlt. Wir als Pferdehalter haben die Aufgabe, aufmerksam zu beobachten, welche Mineralstoffe es sein könnten, die unserem Pferd fehlen.

Hierbei helfen uns die Erkenntnisse von Dr. Schüßler, der für jedes einzelne Salz so genannte Mangelzeichen (Leitsymptome) für den Menschen definiert hat. Diese werden in

Zum Wohle seines Pferdes sollte man sich eingehend mit den Schüßler-Salzen auseinandersetzen.
Zur Unterstützung verweise ich auf meine Website: ***www.tier-und-gesundheit.de.***
Ich betreibe dort ein Forum, in dem ich mich mit Fragen rund um die Schüßler-Salze für verschiedene Tiere beschäftige.

den folgenden Kapiteln umfangreich von mir nach bestem Wissen und Gewissen auf das Pferd übertragen, aufgezeigt und erklärt.

Die Behandlung mit Schüßler-Salzen ist relativ einfach, weitestgehend ohne Nebenwirkungen oder Nachteile für die Pferde.

Wie bereits gesagt, können sowohl körperliche wie auch psychische Disharmonien oder Unarten von Pferden auf einen Mangel an Mineralsalzen hinweisen. Bei akuten Krankheiten sind die Schüßler-Salze als Zusatzgabe imstande, Krankheitsverläufe zu mildern. Selbst bei langwierigen Krankheiten lässt sich mit der Salzgabe der Heilungsprozess unterstützen und durchaus beschleunigen.

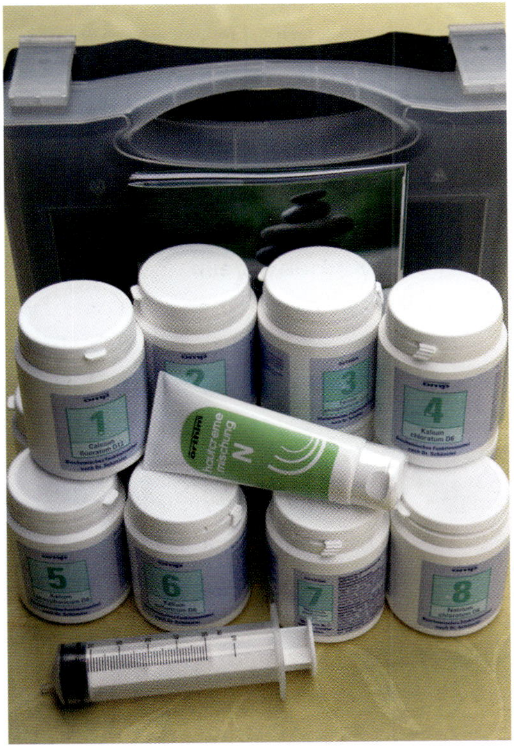

Schüßler-Salze, im praktischen Koffer für den Pferdestall.

Wilhelm Heinrich Schüßler wurde 1821 in Zwischenahn geboren. Schon während seines Medizinstudiums befasste er sich mit der Homöopathie und der Bedeutung der Mineralstoffe für den menschlichen Körper. Die jahrelangen Erfahrungen in seiner homöopathischen Arztpraxis in Oldenburg und die Erkenntnisse der beiden wichtigen Weggefährten Rudolf Virchow und Jacob Moleschott waren für Dr. Schüßler der Grund, sich intensiv mit den Mineralstoffen zu beschäftigen.

Er entdeckte, dass sich die meisten Krankheiten auf einen Mangel an Mineralstoffen zurückführen ließen – und zwar den Mangel innerhalb einer Zelle. So folgerte er, dass die Gesundheit der Zelle und damit des Körpers durch Deckung des Verlustes an anorganischen Salzen (Mineralstoffen) aufrecht gehalten wird. Um Schaden zu verhüten und um die Zelle aufnahmefähiger für die Mittel zu machen, müssen diese verdünnt (potenziert) werden.

Die Erkenntnis der damaligen Medizin war, dass Veränderungen zu Störungen der biochemischen Abläufe in den Zellen führen und damit maßgeblich an der Entstehung von Krankheiten beteiligt sind. Zudem war es schon damals bekannt, dass die Gabe reiner Mineralstoffe für den Organismus eine Belastung darstellen kann, was man heute hinreichend an Nebenwirkungen unkontrollierter Einnahmen von Calcium, Magnesium oder Eisenpräparaten nachgewiesen hat. Für Schüßler, als Kenner der Homöopathie und deren Wirkungsweise, war es nun wichtig, die entsprechenden Salze ausfindig zu machen und die sinnvollste Verdünnung zu fin-

den. Schüßler verdünnte die Mineralstoffe so, dass sie auch durch die winzigsten Öffnungen der Zelle gelangen. Daher ist eine Überdosierung der homöopathisch aufbereiteten Mineralsalze schwer möglich.
Um nun die einzelnen Funktionsmittel (Mineralsalze) ausfindig machen zu können, begann er, intensiv die Asche Verstorbener zu untersuchen und entdeckte einen Zusammenhang zwischen der Todesursache und dem Mangel bestimmter anorganischer Salze in der Asche, was dann zu seinen zwölf beschriebenen Mineralstoffverbindungen führte. In seiner 1874 veröffentlichten kleinen Broschüre »Eine abgekürzte Therapie« beschreibt er die Einsatzmöglichkeiten der biochemischen Funktionsmittel. Trotz der anfänglichen Skepsis wurde seine Heilweise selbst von den homöopathisch orientierten Ärzten immer mehr akzeptiert. Heute zählt sie zu den populärsten alternativen Heilweisen.
Schüßlers medizinischer Ausbildung, seinen Erfahrungen als Homöopath und seiner exzellenten Beobachtungsgabe ist es zu verdanken, dass uns heute die »zwölf Salze des Lebens« für den Menschen zur Verfügung stehen. Schüßler kam noch zu Lebzeiten zu der Ansicht, dass das 12. Salz nicht zum ständigen Bestand des menschlichen Körpers gehörte, was sich später als Irrtum erwies, sodass es wieder zu den »Funktionsmitteln« hinzugefügt wurde.
Im Laufe der Zeit kamen durch die Weiterentwicklung der Heilweise weitere zwölf Mineralstoffverbindungen dazu, die als Erweiterungsmittel bekannt sind. Diese wurden von Schüßler selbst aber nicht mehr erforscht.

Wie definierte Dr. Schüßler selbst seine Therapie?

»Wer von kleinen Gaben reden hört, denkt gewöhnlich sofort an Homöopathie; mein Heilverfahren ist aber kein homöopathisches, denn es gründet sich nicht auf das Ähnlichkeitsprinzip, sondern auf die physiologisch-chemischen Vorgänge, welche sich im menschlichen Organismus vollziehen. Durch mein Heilverfahren werden Störungen, welche in der Bewegung der Moleküle der unorganischen Stoffe des menschlichen Organismus entstanden sind, mittels homogener Stoffe direkt ausgeglichen, während die Homöopathie ihre Heilzwecke mittels heterogener Stoffe indirekt erreicht.«
Quelle: Wilhelm Heinrich Schüßler (1874) – »Eine abgekürzte Therapie«, S. 3

Hier erklärt Dr. Schüßler selbst den Unterschied seines Therapieansatzes gegenüber einer homöopathischen Behandlung. Homöopathische Behandlungen haben das Ziel, Gleiches mit Gleichem zu behandeln. Das bedeutet, es wird ein ausführliches charakteristisches Mittelbild erstellt und dieses mit einem durch einen bestimmten Stoff hervorgerufenen Krankheitsbild (Similia) abgeglichen.
Die umfangreiche Sammlung von Symptomen weist dann auf den Stoff hin, der ähnliche Eigenschaften im Krankheitsfalle aufweist. Bei diesem Stoff kann es sich neben den Mineralien auch um Materialien körperfremden, tierischen und chemischen Ursprungs handeln sowie um Gifte.

Diese werden dann bei der reinen homöopathischen Behandlungsweise entsprechend hoch verdünnt (hohe Potenz, z.B. C 200) und dem Patienten meist in nur geringer oder einmaliger Dosis verabreicht.
Auch die Mineralsalze nach Dr. Schüßler werden homöopathisch aufbereitet. Hier sind die langjährigen Erfahrungen, die Dr. Schüßler mit seinen Patienten in der Anwendung machte, die Grundlage seiner Verdünnungsempfehlungen. So wurden einige Mineralstoffverbindungen in einer geringeren Potenz (Verdünnungsstufe) angegeben, während andere wiederum etwas höher potenziert wurden.
Zur Findung der bestimmten Mineralien hat Dr. Schüßler im Laufe der vielen Jahre seiner Tätigkeit sehr individuelle Mangelsymptome zusammengetragen. Diese Symptome (Merkmale) des Mineralmangels dienen dazu, das richtige Salz zu finden und dann entsprechend einzusetzen.

Was ist nun der Unterschied zwischen Schüßler-Therapie und Homöopathie?

Im Gegensatz zur der klassischen homöopathischen Behandlung werden die Salze in höherer Dosierung eingesetzt. Deshalb spricht man bei Schüßler-Salzen auch von so genannten »Funktionsmitteln«. Es handelt sich hierbei um ein Auffüllen fehlender anorganischer Salze. Die Dosierung der Salze ist abhängig vom Mangelzustand des Organismus.
Das gesunde Zusammenspiel der Zelle mit dem umgebenden Zellgewebe, also zwischen intra- und extrazellulären Raum, garantiert in psychischer und physischer Hinsicht Gesundheit und Wohlbefinden.
Jedoch ist dieses Zusammenspiel vielen Störungen ausgeliefert und neben dem Wissen um die Schüßler-Salze von vielen entscheidenden Faktoren abhängig, die unbedingt bei der Behandlung von Mensch und Tier berücksichtigt werden müssen.

Warum Schüßler-Salze?

Alle negativen Situationen, denen Pferde ausgesetzt sind, können im Organismus zu stressbedingten Veränderungen des Elektrolythaushaltes führen und entsprechende Reaktionen innerhalb und außerhalb der Zelle auslösen. Die Veränderungen der Mineralstoffe innerhalb der Zelle können durch die Gabe entsprechend homöopathisch aufbereiteter Funktionsmittel nach Dr. Schüßler beeinflusst werden.
Das führt wiederum dazu, dass auch der Mineralhaushalt außerhalb der Zelle reguliert werden kann – unter Berücksichtigung der schon bereits für das Pferd genannten optimalen Fütterungs- und Haltungsbedingungen.
Dazu ein kleines Beispiel:
Bei zu viel Aufnahme von Salz (was bei Pferden in der Natur eher selten vorkommen kann) wird das Pferd vermehrt Wasser trinken, um die Salzkonzentration außerhalb der Zelle auszugleichen. Würde man nun dem Pferd das Schüßler-Salz Nr. 8, Natrium chloratum (Kochsalz) D6, geben, dann würde das Durstgefühl nachlassen, weil durch die Nr. 8 die Konzentration innerhalb der Zelle nun

so stark angehoben wurde, dass das normale Gleichgewicht innerhalb und außerhalb der Zelle wieder hergestellt ist.

Warum werden die Mineralstoffverbindungen bei Dr. Schüßler potenziert?

Bei der Schüßler-Therapie handelt es sich um eine feinstoffliche, energetische Aufnahme von Mineralsalzen, deshalb werden die Salze potenziert und verrieben. Zur Erläuterung dient folgendes Beispiel. Führt man dem Körper das Mineral Calcium in seiner großmolekularen Form zu, so dient es dem Organismus als Baustoff und als mineralische Grundlage. Das potenzierte, aufbereitete Schüßler-Salz X (als Beispiel Calcium phosphoricum) hingegen stellt ein Funktionsmittel dar. Dieses Funktionsmittel hilft den Zellen, das stoffliche Calcium besser zu verarbeiten und zu verwerten. Es bereitet sozusagen den Weg für die Wirkung von Calcium als Baustoff. Jeder hat sicher schon mal die Erfahrung gemacht, dass trotz deutlicher Zufütterung von Mineralfutter die erhoffte Wirkung beim Pferd ausblieb. So können die Schüßler-Salze als Wegbereiter dienen, die Wirkung bestimmter Mineralfuttermittel zu unterstützen.

Wie gelangen die Schüßler-Salze in den Organismus?

Wie bei der Homöopathie werden die feinstofflichen Mineralsalze am sinnvollsten über

Hier werden dem Pferd Schüßler-Salze aus der Hand pur angeboten.

die Mundschleimhaut aufgenommen. Dort können sie bereits in die Blutbahn übertreten und an die entsprechende Wirkungsstätte gelangen. Auf diese Weise kommen sie deutlich schneller in den Organismus und an den »Mangelort«, als wenn die Mineralstoffe den langen Weg über den Verdauungstrakt gehen müssen, bis sie ins Blut übergehen können. Außerdem ist die Wirksamkeit der Mineralsalze fraglich, wenn diese mit den Verdauungssäften in Kontakt kommen. Daher rate ich jedem Pferdebesitzer zur Verabreichung der Salze mit Kontakt zur Mundschleimhaut des Tiers.

Kann man Schüßler-Salze mit dem Futter verabreichen?

Um eine sinnvolle Aufnahme der Schüßler-Salze zu garantieren, sollte man von der Verabreichung über das Futter absehen. Da

die Aufnahme der Schüßler-Salze wie gesagt über die Mundschleimhaut erfolgen sollte, ist eine Beimengung mit Futter kontraproduktiv. Hier kann nicht beurteilt werden, inwieweit sich die Salze durch die Futterbeimengungen verändern oder möglicherweise sogar unwirksam werden.
Für viele homöopathische Mittel ist bekannt, dass schon die Aufnahme der Mittel über Metalllöffel die Wirksamkeit beeinflusst und dass beispielsweise auch pfefferminzhaltige Stoffe die Wirkungsweise einschränken.
So sollte man bei der Anwendung von Schüßler-Salzen für das Pferd beachten, die Salze möglichst in der reinsten Form zu verabreichen.

Kann man die Salze über die Tränke geben?

Das gilt auch für den Versuch, die Salze in der Pferdetränke aufzulösen und diese dann vom Pferd aufnehmen zu lassen.
Die meisten Tränken sind heute aus Metall und stellen für die reine Aufnahme der Schüßler-Salze auch ein Hindernis dar. Die Wirksamkeit der Salze könnte durch die Verbindung mit diesen Metallen ebenfalls in Frage gestellt werden.
Eine elegante Lösung einer unbelasteten Aufnahme von Schüßler-Salzen wäre möglicherweise das Tränken über einen Plastikeimer, in dem die entsprechenden Salze aufgelöst worden sind. Jedoch sollte dann garantiert werden, dass das Pferd auch den gesamten Wasserinhalt zu sich nimmt, damit die geforderte Dosis der Salze aufgenommen wird.

Wie verabreiche ich dem Pferd die Schüßler-Salze?

Die sinnvollste Verabreichung für ein Pferd bleibt die pure Gabe der Tabletten über die Handfütterung. Ebenso kann man die Tabletten in wenig Wasser auflösen und dem Pferd mit Hilfe einer Einmalspritze direkt ins Maul geben. Einige Pferde zeigen sich widerspenstig, zumal sie vielleicht schon unangenehme Erfahrungen mit Medikamentvergaben hatten. Daher könnte man versuchen, zunächst ein wenig eingedickten Apfelsaft in eine Spritze zu geben, um den Widerwillen des Pferdes gegen die ehemals schlechte Geschmackserfahrung mit einer Spritze zu nehmen. Lernt das Pferd, mit einer Spritzenvergabe nichts Unangenehmes mehr zu verbinden, wird es eher die Verabreichung eines Schüßler-Salz-Tablettenbreis mittels Spritze akzeptieren.
Die dabei verwendete Spritze sollte nur zur Verabreichung der Schüßler-Salze dienen, denn auch hierbei sollte weitestgehend auf einen hygienischen Standart und unbelastete Voraussetzungen für die Wirkung geachtet werden.

Darreichungsformen

Es gibt mittlerweile Schüßler-Salze sowohl als **Tabletten** wie auch als **Tropfen**. Die Vergabe von Tropfen hat sich in unserer Praxis als weniger sinnvoll gezeigt. Die Tropfen enthalten Alkohol und werden von den geschmackssensiblen Pferden auch durch die Verdünnung mit Wasser ungern aufgenommen. Da die Verabreichung der Schüßler-

Salze bei einem deutlichen Mangelbild recht lange und möglicherweise häufig angezeigt ist, sollte man auch hier eine Widerwilligkeit des Pferdes umgehen. Die Tabletten, die auf Milchzuckerbasis hergestellt werden, haben einen leicht süßlichen Geschmack, lassen sich einfach auflösen und sind daher eine eher problemlose Darreichungsform. Außerdem lässt sich die Dosis mit Hilfe der Tabletten leichter im Stall realisieren. Die Glasfläschchen der Tropfen sind in der Handhabung nicht unproblematisch und können zerbrechen.

Dosen sind unkomplizierter und besser lagerungsfähig. Ein zusätzlicher Vorteil für die Verwendung von Tabletten ist, dass größere Tabletten-Dosen eines Mineralsalzes mit entsprechend hoher Tablettenanzahl auf dem Markt angeboten werden. In Anbetracht der noch nachfolgend ausführlich beschriebenen Dosisempfehlungen für ein Pferd kann es sinnvoll sein, sich gleich für eine größere Tabletten-Dose des entsprechenden Schüßler-Salzes zu entscheiden.

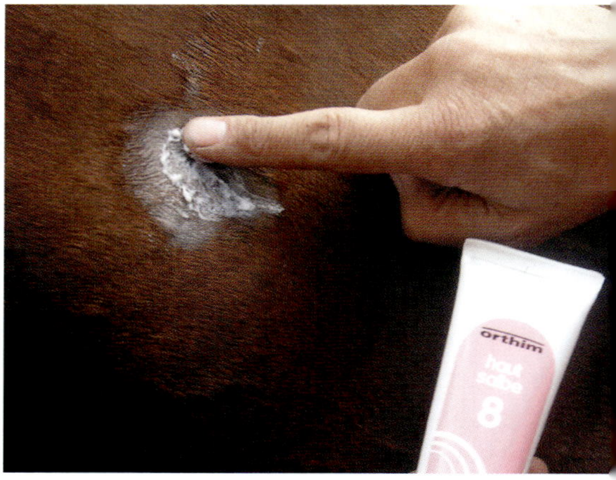

Schüßler-Salben zeigen bei Hautproblemen große Wirkung.

Äußere Anwendungsmöglichkeiten

Dass die Salze für die Zelle von großer Bedeutung sind und dort den Stoffwechsel anregen, regulieren und entlasten, erklärt, dass auch hinreichend positive Resultate in der äußeren Anwendung von Schüßler-Salzen zu erwarten sind. Hierfür können die Tabletten und Tropfen, sowie aber auch die seit einiger Zeit im Handel befindlichen Salben und Cremes mit den einzelnen Mineralsalzen angewendet werden.

Umschlag

Für die äußere Anwendung mittels eines Umschlages wird ein Tablettenbrei hergestellt. Dafür wird der zu verwendende Anteil der entsprechenden Schüßler-Salz-Tabletten mit wenig Wasser vermischt. Diese breiartige Substanz wird dann auf ein sauberes Leinentuch (am besten frisch gebügelt, denn dann ist es weitestgehend keimfrei) gestrichen. Um das Leinentuch wickelt man zur Abpolsterung eine oder zwei Lagen Zellstoff oder Watte und befestigt alles mit Hilfe einer Bandage.

Fußbad

Fußbäder lassen sich auch beim Pferd machen, allerdings sollte man hier gewisse Vorkehrungen treffen. Für ein Fußbad sollten bereitstehen: 2 Plastikeimer, einer davon mit warmem Wasser, ein Plastikgefäß, in dem man die Schüßler-Salz-Tabletten auflöst und eine weitere Person, die das Pferd festhält und beruhigt. In den ersten Plastikeimer gibt

> **!**
>
> ## Basen-Bad
>
> *Mittlerweile gibt es ein Präparat auf dem Markt, das Fußbäder, Waschungen oder Wickel erleichtert. Das Basen-Bad (Firma Orthim) enthält ein Pulver, welches die Mineralsalze nach Dr. Schüßler in Form von schnell auflösbarem Pulver enthält. Es handelt sich hierbei um die Salze Nr. 4 und 6. Hier können jetzt bedarfsweise ein oder zwei Esslöffel des Pulvers in Wasser aufgelöst und entsprechend verwendet werden.*

man etwas warmes Wasser und stellt den zu behandelnden Fuß hinein. Man kann damit rechnen, dass das Pferd seinen Fuß nochmals herauszieht, sodass es sinnvoll ist, nicht schon für den ersten Versuch die Schüßler-Salze in den Eimer zu geben. Hat das Pferd nun seinen Fuß ruhig im Eimer stehen, gießt man vorsichtig (möglichst noch am Bein oder der zu behandelnden Stelle entlang), die in lauwarmem Wasser aufgelösten Tabletten aus dem Plastikgefäß in den Eimer. Das Wasser in diesem Eimer wird soweit aufgefüllt, dass die zu behandelnde Stelle komplett bedeckt ist. Der Fuß des Pferdes sollte mindestens 5 Minuten dort verbleiben.

Salben und Creme

Schüßler-Salze werden auch als Creme oder Salbe angeboten. Diese haben den Vorteil, dass sie auf alle zu behandelnden äußeren Stellen des Pferdes punktuell oder auch großflächig aufgetragen werden können. Besonders angenehm lassen sich Salben und Cremes innerhalb des Pferdemauls und um die empfindlichen Pferdelippen benutzen. Bei sorgfältiger Abwägung der Notwendigkeit können die Salben und Cremes auch an den Augen, den Nüstern oder den Ohren der Pferde angewendet werden.

Hier sollte nochmals darauf hingewiesen werden, dass für einen vernünftigen Einsatz die Verwendung von nur sehr kleinen Mengen der Salbe/Creme die Voraussetzung ist. Durch unsere praktische Erfahrung empfehle ich die Salben und Cremes, welche kein Paraffin (Mineralölbestandteil) oder Vaseline enthalten, sondern auf der Basis von natürlichen Ölen und Rohstoffen bestehen und auch ohne Parabene, Duft- und Farbstoffe auskommen. Im Vordergrund steht hierbei die Vermeidung von Allergie auslösenden Stoffen und der vollen Entfaltung der mineralstoffhaltigen Wirkung.

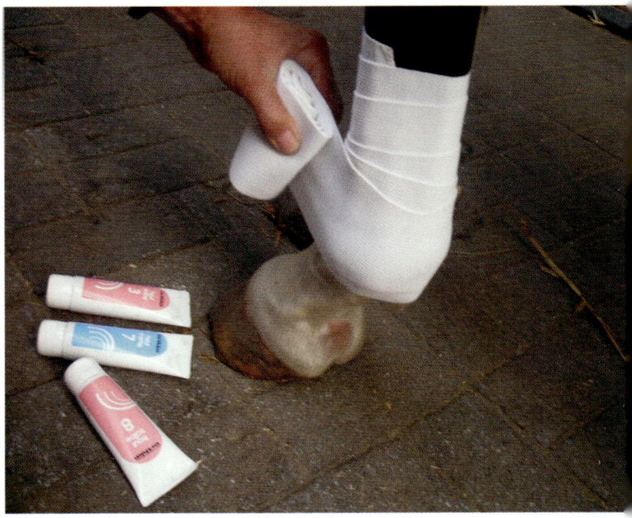

Salben-Umschlag: zur äußeren Anwendung von Schüßler-Salzen.

Massageöl

Viele Pferdebesitzer wissen um die empfindliche Rückenpartie ihres Pferdes und wie gut eine Rückenmassage für ihr Tier sein kann. Schon ein angenehmes Massieren der Sattellage kann die Durchblutung anregen und entspannend wirken.

Für die problemlose Durchführung einer Massage kann man auf das bewährte Schüßler-Salz-Massageöl zurückgreifen. Dieses Mineralsalz-Öl lässt sich wunderbar geschmeidig auftragen und kann unter den massageartigen Einreibungen problemlos in die Haut einziehen

Wie werden die Schüßler-Salze hergestellt?

Wie bei der Homöopathie werden die einzelnen Schüßler-Salze potenziert (verdünnt). Dies geschieht in Dezimalschritten, wobei ein Teil des Salzes mit 10 Teilen eines Trägerstoffes verdünnt (verrieben) und mit D1 bezeichnet wird. Diese Verdünnungsstufe wird wieder mit 10 Teilen verdünnt und man erhält dann D2 und so weiter. Dr. Schüßler verwendete bei seinen Salzen nur die Verdünnungsstufen D6 (1:1.000.000) und die D12 (1:1.000.000.000.000). Bei den Tabletten ist der Trägerstoff die Laktose, auch als Milchzucker bekannt.

Wo sind Schüßler-Salze erhältlich?

Schüßler-Salze sind nur über die Apotheke zu beziehen (auch über die Internetapotheke), sind aber nicht rezeptpflichtig und daher frei käuflich. Die Qualität der Schüßler-Salze ist bei allen Herstellern nahezu gleich und wird bei allen bekannten Herstellerfirmen nach den strengen Vorschriften des amtlichen Homöopathischen Arzneibuches (HAB) der Bundesrepublik Deutschland gefertigt. Es macht daher keinen Unterschied, von welcher Firma man die Schüßler-Salze bezieht. Man kann ruhigen Gewissens auch preiswerte Anbieter wählen, wenn sie den strengen gesetzlichen Vorschriften nachkommen.

Wie schon erwähnt, ist bei bestimmten Mangelzuständen beim Pferd eine höhere Dosierung bzw. Verabreichung der Schüßler-Salze sinnvoll. Daher hat es sich bewährt, gleich größere Verpackungseinheiten zu wählen. Eine Verpackungseinheit von 400 Tabletten mag zunächst viel erscheinen, bei einer längeren Gabe eines Salzes kann sich diese Verpackungsgröße durchaus als so genannte Vorteilspackung erweisen. Vielfach werden sogar Packungseinheiten zwischen 1000 und 4000 Tabletten angeboten, die sich sicherlich für Züchter oder Besitzer von mehreren Pferden anbieten.

Der einzige Unterschied der verschiedenen Hersteller von Schüßler-Salz-Tabletten liegt bei den so genannten Hilfsstoffen, die man zum Verpressen der Tabletten benötigt. Hier sollte man darauf achten, dass Präparate mit Kartoffel- statt Weizenstärke verwendet werden. Produkte ohne Weizenstärke sind glutenfrei, wodurch es zu einer Senkung des Allergierisikos kommt. Dies ist zwar vorwiegend für den Menschen von Bedeutung, sollte aber auch bei einem Tier Beachtung finden.

*Bei der **höheren Dosierung**, die bei einem Pferd **notwendig wird**, ist es sinnvoll, sich größere Verpackungseinheiten zuzulegen, die man am günstigsten über die Internetapotheke beziehen kann. Wir beziehen jedes Schüßler-Salz in einer Packungsgröße von 1 kg – das sind ca. 4000 Tabletten, und unter Berücksichtigung der Dosisempfehlung für Pferde stellt dies für uns sogar eine Vorteilspackung dar.*

Der Hilfsstoff Magnesiumstearat kann bei empfindlichen Geschmacksnerven einen so genannten metallischen Geschmack hinterlassen. Da Pferde an sich ja äußerst empfindlich in ihren geschmacklichen Vorlieben sind, bevorzuge ich Präparate, in denen Calciumbehenat verwendet wird, welches eher geschmacklich neutral ist.

Welche Nebenwirkungen können Schüßler-Salze haben?

Von hohen Dosen Milchzucker ist eine leicht abführende Wirkung beim Menschen bekannt, vielfach führt die Laktose aber nur zu einer weicheren Konsistenz des Darminhaltes. In seltenen Fällen kann dies auch bei Fohlen, kleineren oder eben sehr empfindlichen Pferden vorkommen – in diesem Fall sollte man die Menge der Dosisangaben reduzieren oder eine Zeit lang mit den Salzen aussetzen, bis sich der Zustand normalisiert hat. Dann kann man mit geringster Dosierung wieder beginnen und abwarten, ob sich erneut eine Reaktion zeigt.

Pferdeliebhaber, die selbst schon einmal empfindlich auf Laktose reagierten, interpretieren gerne auch in Pferde Empfindlichkeiten, wie Blähungen und Unpässlichkeiten. Bei einer normalen Dosierung und der damit aufgenommenen Menge von Laktose bezogen auf die Körpermasse eines Pferdes ist eine abführende Wirkung eher selten. Trotzdem sollte bei Fohlen, jungen und zarten Pferden, Ponys und Kleinpferden die Menge der Schüßler-Salze sinnvoll abgestimmt werden. Ich habe bei bedarfsgerechter Dosierung keine Probleme bei Pferden festgestellt. In den seltenen Fällen, in denen ein weicherer Kot beim Pferd beobachtet wurde und dies auf einen Zusammenhang mit den Schüßler-Salzen hindeutete, wurde die Dosierung vorübergehend halbiert. Oft ist aber auch eine temporäre leicht vermehrte Verdauung als Zeichen einer Entgiftung zu sehen und daher

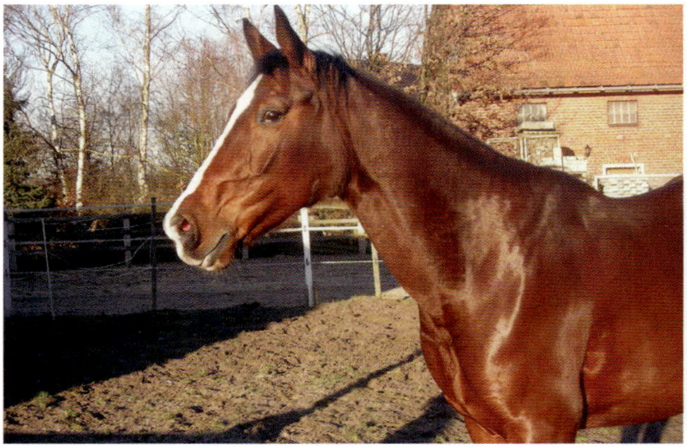

Sollte ein nicht passendes Schüßler-Salz für die Behandlung ausgesucht worden sein, ist das Pferd nicht gefährdet. Es bleibt lediglich die erhoffte positive Reaktion aus.

Schüßler-Salze, die falsch gewählt wurden, gefährden das Pferd nicht. Diese werden meist ohne Nebenwirkungen vom Organismus verwertet oder ausgeschieden.
Es bleiben lediglich die erhofften positiven Reaktionen aus, und man muss sich erneut mit der richtigen Salzfindung beschäftigen.

eine sinnvolle Reaktion des Körpers, sich Giftstoffen zu entledigen.
Bei Unsicherheit sollte man sich unbedingt bei einem erfahrenen Schüßler-Salz-Therapeuten Rat holen oder den Tierarzt befragen.

Können die Schüßler-Salze mit anderen Arzneimitteln kombiniert werden?

Kontrovers wird von Schüßler-Anwendern diskutiert, ob die zusätzliche Gabe von Schüßler-Salzen bei veterinärmedizinischen Maßnahmen sinnvoll und wirksam eingesetzt werden kann. Erfahrungen meinerseits zeigen nur, dass es für den Laien schwierig ist, neben einer medikamentösen Behandlung vom Tierarzt, die Wirkung der Salze zu erkennen oder zu beurteilen. Sehr oft hat es sich gezeigt, dass die Schüßler-Salze die tierärztliche Behandlung deutlich unterstützen konnten. Die Pferde erholten sich schneller als jene, die keine Salze bekommen hatten, und auch die Krankheitsdauer verkürzte sich. Trotzdem muss darauf hingewiesen werden, dass die Therapie mit Schüßler-Salzen keineswegs eine Diagnose und ggf. Behandlung durch einen Tierarzt ersetzen darf. Die Verordnung des Tierarztes sollte nicht ohne Rücksprache mit ihm abgesetzt oder verändert werden. Daher plädiere ich immer für ein sinnvolles und verantwortungsbewusstes Zusammenspiel von Tiermedizin und der sanften Heilweise nach Dr. Schüßler.

Können die verschiedenen Schüßler- Salze miteinander kombiniert werden?

Es gibt selten das »eindeutige Bild« eines einzelnen Salzes, vielmehr stellt man einige Ähnlichkeiten in den verschiedenen Salzen fest. Dr. Schüßler beschreibt auch einige Salze, die sich in einer sehr positiven Form ergänzen und unterstützen.
Für eine Schüßler-Therapie beim Pferd ist es notwenig, die Gesamtheit der Mangelzeichen zu erkennen und die richtige Kombination mit ein oder mehreren Salzen zur Unterstützung zu kombinieren. Eine Kombination mit mehr als vier Salzen halte ich für weniger sinnvoll. Zum Beispiel kann es von Bedeutung sein, zunächst mit einem Salz den Organismus aufzufüllen, um ihn damit wiederum vorzubereiten, ein anderes Schüßler-Salz aufzunehmen und intensiv wirken zu lassen. Es kann auch erstrebenswert sein, den Organismus des Pferdes zunächst durch ein Salz zu stärken, bevor ein anderes passendes Salz seine Wirkung grundsätzlich entfalten kann. Mit der Zeit wird auch der Laie lernen, die

richtigen Kombinationen oder eben nur das bestimmte Salz für sein Pferd zu finden. Wenn es dann nicht zu der gewünschten Wirkung kommt, hat man einfach das falsche Salz gewählt und sollte nochmals kritisch seine Schüßler-Salz-Wahl überdenken.
Meiner langjährigen Erfahrung nach kann die Verabreichung verschiedener Salze in einer Mischung für den individuellen Anwendungsbereich sinnvoll sein, vor allem dann, wenn es sich, wie hier bei Pferden, um größere Tiere handelt. Und daher auch eine höhere Dosierung möglich ist.
Hierbei sind verschiedene Vorgehensweisen denkbar. Ich bevorzuge zum Beispiel die einfache Variante der Mischung von Salzen. Dazu gebe ich in eine geeignete Dose die gleiche Anzahl der bestimmten Schüßler-Salze hinein und mische die Salze untereinander durch vorsichtiges Drehen der Dose. Aus dieser selbst hergestellten Fertigmischung kann nun eine empfohlene Dosis für das Pferd entnommen werden. Diese Vorgehensweise ist z.B. besonders für eine Kuranwendung geeignet.
Nun werden Sie einwenden, dass man dabei aber nicht immer die gleiche Anzahl der einzelnen Salze täglich zuführt. Dieser Einwand ist richtig, aber zu vernachlässigen, weil dem Pferd alle Salze zu gleichen Teilen am Ende der Anwendungszeit mit Leerung des gesamten Inhaltes der Dose verabreicht wurden.
Entscheidend ist also nicht unbedingt die tägliche Anzahl, sondern dass eine ausreichende Gesamtzufuhr der benötigten Salze verabreicht wird.
Möchte man aber trotzdem einen genauen Überblick über die Einzelgabe der Salze haben, kann man natürlich auch täglich die Rationen der Tabletten einzeln abzählen und entsprechend dem Pferd zuführen.
Ebenso kann man zum Beispiel je nach Dosierungsempfehlung morgens das eine und abends das andere Salz geben, oder man wechselt die Salze ein über den anderen Tag. Hier muss dann der Anwender entscheiden, wie er vorgehen möchte.

Wie findet man das richtige Salz?

Von Dr. Schüßler wurden den Mangelzuständen des menschlichen Organismus 12 entsprechende Mineralsalze zugeordnet. Er war der Überzeugung, dass mit diesen 12 Mineralsalzen alle Krankheiten, die überhaupt heilbar sind, behandelt werden können.
Im Laufe der Jahre, in denen die Anhänger und Verfechter der Schüßler-Salz-Therapie umfangreiche Erfahrungen im Einsatz der Mineralsalze gemacht haben, konnten die Mangelzustände immer differenzierter und individueller dargestellt werden. So wurde eben nicht nur der stoffliche Mangel an einem Salz beschrieben, sondern es wurden auch die energetischen Defizite, die den Gesamtorganismus betreffen, erfasst. Die physischen (körperlichen) Merkmale für die Salzfindung sind daher genauso entscheidend, wie die psychische Verfassung, die bei vielen Pferden mitunter für das gesamte Wohlbefinden eine viel größere Rolle spielen kann.
Nun ist die Schüßler-Therapie als Erfahrungsheilkunde für den Menschen hinreichend dokumentiert, bei Tieren ist sie jedoch noch eine eher junge Heilkunde. Sie findet aber

immer mehr Interesse bei Tierbesitzern und wird sicher durch die zunehmenden Publikationen langjährig erfahrener Schüßler-Tier-Experten auch das allgemeine Interesse in der Tierheilkunde finden.
Durch die jahrzehntelange Erfahrung mit Schüßler-Salzen sowohl im Einsatz bei Menschen wie auch bei Tieren ist es mir möglich gewesen, neben den generellen Anwendungsgebieten, auch differenzierte Einsatzmöglichkeiten bei den verschiedensten Tieren ausfindig zu machen. Diese werden speziell für das Pferd in den jeweiligen Beschreibungen der einzelnen Salze aufgezeigt und erläutert. Sie sollen dazu dienen, die »Salzfindung« zu erleichtern.
Jedoch hat sich in den vielen Jahren des praktischen Einsatzes gezeigt, dass es eher selten vorkommt, dass die Beschwerden (Mangelerscheinungen) eines Pferdes komplett einem einzigen Salz zuzuordnen sind. Entscheidend ist natürlich, so viele Ähnlichkeiten in der Beschreibung der Mineralsalze zu finden, wie möglich, damit man das »richtige Salz« findet. Es kann aber auch eine Kombination aus mehreren Mitteln sinnvoll werden, wenn Sie Mangelbeschreibungen verschiedener Salze bei Ihrem Tier feststellen.
Für den Laien mag es anfangs mühsam sein, die vielen Symptome auseinanderzuhalten und diese dem Pferd zuzuordnen. Sie werden aber feststellen, dass es immer leichter wird, je mehr Sie sich damit auseinandersetzen.
Mitunter fällt es schwer, sein Tier objektiv zu beurteilen, spielen doch oft Wunschvorstellungen und subjektive Interpretationen gerade bei seinem Liebling eine Rolle, die nicht immer der Realität entsprechen müssen. Manchmal liegt man dann mit der Mineralsalzfindung daneben und die Schüßler-Salze können ihre eigentliche Wirkung nicht zeigen. Leider wird ein skeptischer Anwender dann die vermeintlich schlechte Wirkung der Salze zum Anlass nehmen, sich nicht mehr weiter mit ihnen zu beschäftigen. Das ist sehr schade, denn schon auf Grund eines Interesses an den einzelnen Salzbildern lernt man sein Tier besser kennen und verstehen. Sollte man aber wirklich mit den Salzen nicht weiterkommen, muss ein erfahrener Schüßler-Tier-Experte aufgesucht werden, der durch den emotionalen Abstand zum Tier sicher die richtigen Schüßler-Salze finden wird.

Was bewirken die Schüßler-Salze?

Dr. Schüßler ließ die Mineralstoffe so verdünnen, dass eben diese durch die winzigen Öffnungen der Zellwand hindurchgelangen. Damit ist auch gewährleistet, dass es eher nicht zu einer Überdosierung bzw. einem Zuviel bei der Aufnahme der Mineralstoffe kommen kann.
Die Wirkung der Mineralstoffe hängt also im Wesentlichen von der Potenzierung (der Verdünnung) ab, wobei die Mineralstoffe als Moleküle mit einer Trägersubstanz (dem Milchzucker) verbunden sind. Durch die Verbindung von Milchzucker und dem einzelnen Mineralstoffmolekül wird das entsprechende Schüßler-Salz vom Organismus unmittelbar in dessen Betrieb eingebaut und verwendet. Somit muss der Organismus keine aufwendigen Arbeiten mehr leisten, um an die dringend benötigte Mineralstoffkombination

heranzukommen. Die meisten Mineralstoffkombinationen der zwölf Salze (einzige Ausnahme ist Silicea, Nr. 11) sind Verbindungen aus einem basischen und einem sauren Element und ermöglichen dadurch einen ausgeglichenen Säure-Basen-Haushalt.

Der Organismus eines Lebewesens hat ein ausgeklügeltes Speichersystem, d. h., im Organismus werden Betriebsstoffe als Vorrat angelegt, die dann abgerufen werden, wenn vermehrter Bedarf besteht. Man unterscheidet hierbei aber zwischen dem Arbeitsspeicher, der dann bei plötzlichen Belastungen sofort reagieren kann, und dem langfristigen Speicher, der bei lang anhaltenden Belastungen benötigt wird. Gehen die Speichervorräte zurück, ohne aufgefüllt zu werden, so wird der Betrieb des Organismus eingeschränkt. Bei Pferden zeichnen sich zunächst Probleme vornehmlich an Haaren, Haut und Hufen ab – auch die Belastbarkeit geht zurück, und im weiteren Verlauf können sich weitere Zeichen einer Organbelastung einstellen.

> **! Wichtig**
>
> *Dem Pferdefreund sollte es am Herzen liegen, nicht auf die Zeichen eines Mangels zu warten, sondern durch die sinnvolle und abgestimmte Versorgung mit Schüßler-Salzen schon vorbeugend einzugreifen. Wichtig zu wissen ist: »Verschwinden die Zeichen eines Mangels, sind die Speicher noch lange nicht aufgefüllt. Eine fortgesetzte Gabe über einen längeren Zeitraum ist daher sinnvoll.«*

Dauer und Dosierung der Schüßler-Salze

Die »einzig richtige« Dosierung der Schüßler-Salze gibt es eigentlich nicht!

Eine allgemein gültige Dosisempfehlung kann nicht gegeben werden, vielmehr richtet sich diese nach dem Einzelfall, vor allem nach der Schwere des Salzmangels bzw. der erkennbaren Symptomatik und nach dem Vorliegen von akuten oder chronischen Beschwerden. Möchte man die Schüßler-Salze zum ersten Mal bei einem Problem anwenden, sollte man zwischen einem akuten und einem chronischen Verlauf (Phase) unterscheiden.

Die akute Phase

Akut bedeutet, dass es sich hierbei um einen recht plötzlich auftretenden Zustand handelt. Sei es eine Temperaturerhöhung, krampfartige Schmerzen, Magen-/Darmprobleme, eine frische Verletzung oder Gelenkschmerzen. Hier ist es unbedingt erforderlich, einschätzen zu können, ob es sich um einen Zustand handelt, der eine sofortige tierärztliche Abklärung und umgehende Behandlung bedarf, oder ob man die Möglichkeit sieht, die Lage als Laie wirklich eigenständig zu beherrschen.

Niemals sollte man sich hierbei selbst überschätzen. Bei Unsicherheit muss immer sofort der Tierarzt mit einbezogen werden.

Akute Situationen bedürfen umgehender Behandlung und Reaktionen. Schüßler-Salze können deshalb in der akuten Phase sehr

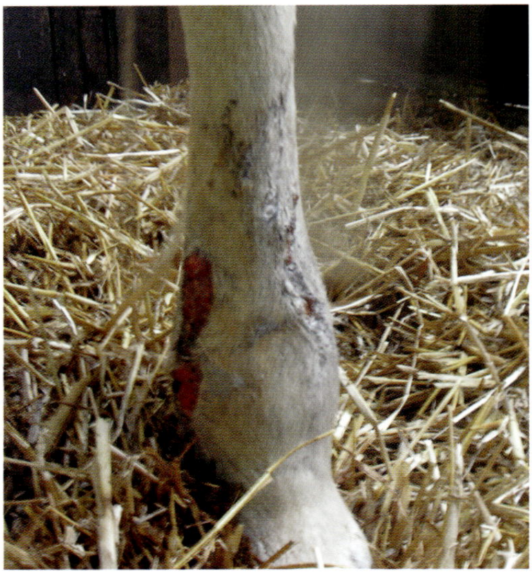

Offene Wunde nach einer Verletzung des Hinterbeines: Hier empfiehlt sich Salz Nr. 3 (Erste-Hilfe-Salz).

wertvolle Dienste leisten. Sie können den Krankheitsverlauf verkürzen, schnelle Linderung verschaffen, die Nachbehandlungszeit reduzieren sowie auch die Erholungsphase rascher einleiten.

In einer akuten Phase sollten die Schüßler-Salze in der Tablettenzahl höher dosiert und in zeitlich kurzen Abständen verabreicht werden.

Das bedeutet, dass man alle 30 bis 60 Minuten die entsprechenden Schüßler-Salze in einer angezeigten Dosierung verabreichen kann. Möglicherweise ist die Eingabe über einen ganzen Tag notwendig. Dies sollte sich allerdings auf maximal zwei bis drei Tage beschränken. Im Idealfall kann die »Akutgabe des Salzes« die Beschwerden schon nach kurzer Zeit lindern. Die Anzahl der Tabletten und die Häufigkeit der Verabreichung sollten dann reduziert werden.

Chronische Beschwerden

Bei einer lang anhaltenden Störung (chronisch) muss der Zeitraum verlängert werden, in dem das empfohlene Salz gegeben wird. Möglicherweise ist eine Gabe von mehreren Monaten angezeigt. Bei der Behandlung chronischer Störungen braucht man oft viel Geduld. Außerdem können sich im Laufe der Behandlung immer wieder unterschwellige, vielleicht ursächlich verantwortliche Alterkrankungen und Beschwerden zeigen, die eine erneute Schüßler-Salz-Bestimmung notwendig machen. Ebenso kann es von Bedeutung sein, zunächst eine Entgiftung des chronisch kranken Pferdes mit Schüßler-Salzen vorzunehmen, bis die eigentlichen Probleme angegangen werden können. Bei ausgeprägter Vorbehandlung mit Antibiotika, Cortison oder Ähnlichem kann auch zunächst eine Ausleitungstherapie sinnvoll sein. All das muss und sollte bei allen lang anhaltenden Problemen unbedingt berücksichtigt werden und kann den Therapieerfolg der Schüßler-Salze eindrucksvoll beeinflussen.

! *Hinweis*

Viele schon lange bestehende Probleme im Umgang mit dem Pferd können möglicherweise eine körperliche Ursache haben. Hier können Schüßler-Salze einen wunderbaren Dienst leisten. Sie müssen allerdings unter Beachtung der Darreichungsempfehlung sinnvoll und regelmäßig eingesetzt werden.

Allgemeine Anwendungsdauer

Möchte man grundsätzlich die Salze anwenden, ohne dass ein akuter oder chronischer Zustand besteht, sei es als Haarkur, für das Wachstum des Fohlens o. Ä. hat sich die Einnahmedauer von 1–3 Monaten unter Beachtung der empfohlenen Dosisangaben bewährt.

Empfehlenswert ist, die Tagesdosis auf zweimal täglich – am besten morgens und abends – zu verteilen. Zum einen hat das den Vorteil, dass man bei Problemen sein Pferd sowohl am Morgen wie am Abend beobachten kann, zum anderen kann durch eine zweimalige Gabe die sinnvolle Verwertung der Salze im Pferdeorganismus unterstützt werden. Eine deutliche Wirkungseinschränkung der Salze bei Einmalgabe der gesamten Tagesdosis ist uns aber nicht bekannt.

Wichtig ist, dass bei der Verabreichung der Salze auf die von mir bereits angesprochene Vorgehensweise geachtet wird, um die Wirkung nicht zu reduzieren oder zu verändern. Sollte das Pferd nach einer langen und unkomplizierten Einnahmephase plötzlich die Salze verweigern, so spürt es vielleicht, dass es diese Salze nicht mehr braucht. Jetzt sollte man eine Pause von 2–4 Monaten einlegen und sein Tier beobachten.

Möglicherweise müssen Sie auch ein Salz ändern, was sich eben nicht nur durch eine veränderte Situation des Tieres verdeutlicht, sondern wieder durch eine mögliche Abwehr bei Eingabe. Bitte hier keinen massiven Zwang und Druck ausüben.

Dosierungsempfehlung

Bei der Behandlung von Menschen gibt es bei Dr. Schüßler grundsätzlich keine »richtige« Dosierung und auch keine »richtige« Einnahmedauer, denn im Laufe der Zeit wird ein Mensch seine entsprechende Dosierung, die Art und den Zeitpunkt der Einnahme selbst finden. Manchmal hat man sogar ein richtiges Bedürfnis, die Salze zu nehmen und dann wieder einen richtigen Widerwillen.

Beim Pferd lässt sich dieses schlecht ausmachen. Daher ist es meiner Erfahrung nach sinnvoll, die geeignete Dosierung dem Gewicht und dem Bedarf anzupassen.

Zur Vorbeugung: Hier richtet man sich nach dem Gewicht.

Beispiel: 500 kg = zirka 10 bis 20 Tabletten

Im akuten Fall kann man die empfohlene Dosis Salze halbieren und von Fall zu Fall bis zu zwei- oder dreimal in einer Stunde verabreichen. Klingen die Symptome langsam ab, kann bis zu drei Tagen danach noch vier- bis fünfmal die entsprechend halbierte Anzahl an Tabletten über den Tag verteilt verabreicht werden.

Bei lang anhaltenden bzw. chronischen Beschwerden verteilt man in der Regel die entsprechende Tablettenzahl (im Beispiel oben 500 kg = ca. 10–20 Tabletten) auf zweimal täglich.

Es hat sich gezeigt, dass durch eine zunächst kurzfristig erhöhte Tablettenzahl manchmal ein Anschub der gewünschten Reaktionen auf den chronischen Zustand erreicht werden kann. Hierfür könnte man zunächst für eine Woche eine zweimalige Gabe der doppelten Dosis durchführen, um für die nächsten Wochen wieder auf konsequent zweimaliger Verabreichung der Normaldosis zurückzukehren. Eine Verabreichung kann dann hier über mehrere Monate hinaus sinnvoll sein.

Sofortmaßnahme: hohe Dosis, kurzer Abstand, Besserung nach kurzer Zeit.
Akute Probleme: normale bis leicht erhöhte Dosis, zunächst kurze Abstände, dann längere Abstände. Auch über den verbesserten Zustand hinaus weiterhin Salze geben.
Chronische Probleme: entsprechende Dosis über langen Zeitraum, konsequent zwischen einem halben bis zu einem Jahr. Dann erneute Prüfung des Salzbedarfs.

Fohlen	5 bis 10 Tabletten
Junge Pferde	10 bis 15 Tabletten
Großpferde	10 bis 20 Tabletten

Die psychischen Aspekte einer Akutmaßnahme beim Pferd werden gezielt in den speziellen Abschnitten zu den einzelnen Salzen aufgegriffen.
Insbesondere bei der Behandlung von psychischen Befindlichkeiten, seelischen Belastungen, Aggressionen, Ängsten bis hin zu mehr oder weniger häufig auftretenden so genannten »depressiven« Verstimmungen, können Schüßler-Salze sehr hilfreich sein. Ehrlichkeit in der eigenen Einschätzung und Beurteilung ist hierbei besonders wichtig, um sich und das Pferd in der richtigen »Salzbeschreibung« wiederfinden zu können. Interessant ist, dass oft ein völlig anderes Salz erkannt wird, wenn man die Meinungen anderer Reiter zur eigenen Person oder zu seinem Pferd mit einbezieht.
Es kann also für die richtige Salzfindung sinnvoll sein, eine neutrale Person zu hören und dann erst die Entscheidung für »das bestimmte Schüßler-Salz« zu treffen.

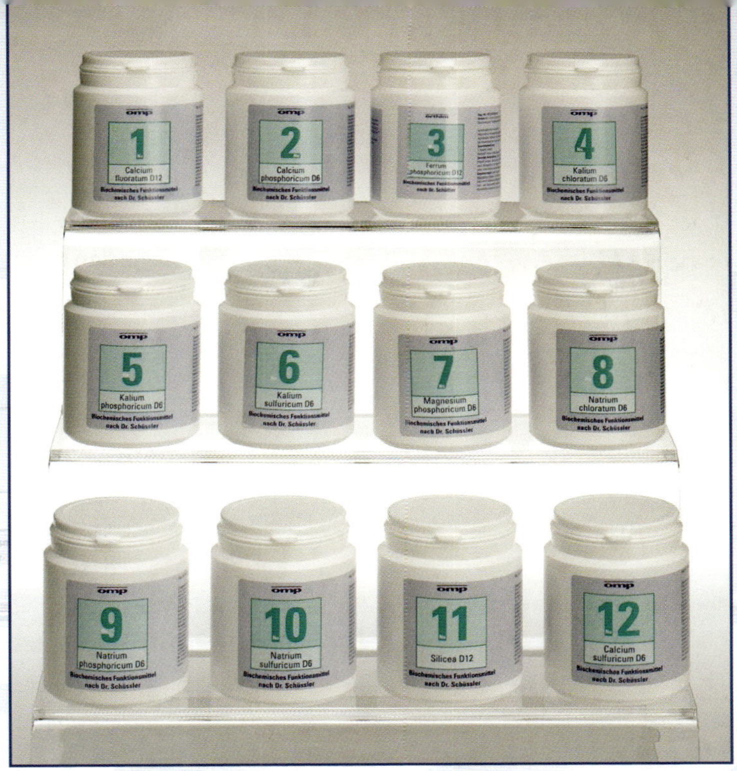

Die 12 Schüßler-Salze

Nr. 1	Calcium fluoratum	Das Wachstumssalz
Nr. 2	Calcium phosphoricum	Das Ausbildungssalz
Nr. 3	Ferrum phosphoricum	Das Leistungs-/Erste-Hilfe-Salz
Nr. 4	Kalium chloratum	Das Schleimhautmittel
Nr. 5	Kalium phosphoricum	Das »Nervensalz«
Nr. 6	Kalium sulfuricum	Das Fell- und Hautsalz
Nr. 7	Magnesium phosphoricum	Das Krampf- und Schmerzmittel
Nr. 8	Natrium chloratum	Das Wasserhaushaltsmittel
Nr. 9	Natrium phosphoricum	Das Entsäuerungsmittel
Nr. 10	Natrium sulfuricum	Das Entgiftungssalz
Nr. 11	Silicea	Wichtigster Bestandteil der Organe
Nr. 12	Calcium sulfuricum	Das Reinigungsmittel und »Salzjoker«

Nr. 1
Calcium fluoratum (D12)
Das Wachstumssalz

Salz Nr. 1 – ideal für die Fohlenaufzucht.

Speicherort: Knochen, Zähne, Zahnschmelz, Sehnen, Haut, Hufe

Biochemie

- Zuständig für die Elastizität in allen Geweben, vor allem für Sehnen, Bänder, Hufe
- Bildet im Körper den Hornstoff (Keratin); dieser ist wichtig für die Hufbeschaffenheit
- Bildet die Schutzhüllen im Körper – in der Hautoberschicht, der Zellwand, den Knochenhüllen und Aderwänden

Merke: ***Calcium fluoratum macht alles Harte weich und elastisch und alles Weiche fest und elastisch.***

Eines der wichtigsten Kriterien für das gesunde Wachstum eines Pferdes ist die Unterstützung seines Knochensystems. Die Gelenke, Sehnen, Bänder und ein gesundes Wachstum der Hufe stehen bereits von Geburt bis ins hohe Alter im Mittelpunkt und bedürfen daher größter Aufmerksamkeit.

Hauptanwendungsgebiete

- Entzündliche Knochen- und Weichteilerkrankungen mit deren Begleitscheinungen, Gelenkschwellungen, Arthrose, Arthritis, Fehlstellung der Gliedmaße, Bänderschwäche
- Sehnenschwellung, Sehnenbogen, Sehnenentzündung, Zerrung, Verrenkung, Griffelbeinfraktur, Hufbeinfraktur
- Probleme durch verhärtete Rückenmuskulatur und anderer Körpermuskelabschnitte
- Überbein, Hufrollenentzündung, Hufwachstumsstörungen, Hufdeformationen, zu weiche Hufe, aber auch bröckelige, zu Rissen neigende Hufe – keine Elastizität vorhanden
- Schwellungen und Verhärtungen der Drüsen
- Unterstützend bei schlecht heilenden Wunden, Hautausschlägen, nässenden Ekzemen, Allergien
- Bei Zahnproblemen, lockeren Zähnen, schlechtem Zahnwachstum, Karies, Zahnentzündungen und Zahnfleischbluten
- Besonders für das ältere Pferd wichtig, da es die Elastizität der Gefäßwände unterstützt

- Ideal bei Arterienverkalkung oder Augenproblemen wie grauem Star
- Bei Elastizitätsverlust der Bänder, die Organe halten (z. B. Gebärmuttersenkung)

Psychische Aspekte

- Schreckhaftigkeit mit ängstlichem »Zur-Seite-Springen«
- Das Pferd ist überaus vorsichtig und geht nicht gerne an neue Dinge heran
- Lässt sich nur mit Mühe verladen
- Geht »in die Knie« beim Sattelauflegen oder auch beim Aufsteigen zum Reiten
- Das Pferd verlässt ungern die Box, ist anfangs steif und triebig
- Zeigt Ungleichheiten in der Bewegung, besonders morgens, bei Kälte und/oder auch bei Hitze. Braucht einige Zeit zum »Einlaufen«.

Spezielle Merkmale beim Pferd

- Vermehrte Neigung zu Gelenkschwellungen, Überbeinen, Sehnenproblemen, Chipbildungen
- Das Fell des Pferdes ist glanzlos, stumpf und häufig mit Pilzen befallen.
- Es tritt häufig ein nässender Ausschlag auf, begleitet von starkem Juckreiz. Dieser wird sichtbar durch das ständige Reiben des Pferdes an Fell, Mähne oder Schweifrübe.
- Das Pferd neigt zu Warzen- und Zystenbildung.
- Die Hufe sind spröde, rissig und wachsen schlecht. Daher bildet sich leicht eine Hufrollenentzündung. Der Hufbeschlag hält schlecht und reißt schnell ab. Der Hufstrahl ist meist feucht und faulig.
- Atemwege des Pferdes: Nasenausfluss und Neigung zu einer Bronchitis, wobei viel angehustet wird und eine Besserung bei Abhusten des Schleims eintritt.
- Abwehren der Trense kann auf Zahnentzündungen hinweisen und auf lockere oder schlechte Zähne.
- Pferde, die zahnen, sollten stets das Salz Nr. 1 erhalten.
- Die trächtige Stute benötigt zur Unterstützung der Entwicklung des ungeborenen Fohlens und zur Vorbereitung auf die Geburt die Nr. 1. Das Salz sorgt für die Elastizität der Geburtsöffnung und für die Regulierung des Milchflusses.
- Alle Fohlen sollten regelmäßig während der Wachstumsphase die Nr. 1 für Knochen, Bänder, Sehnen sowie für die Haut und das Zahnwachstum bekommen.

Verbesserung: nach Bewegung, leichter Longenarbeit, Wärmezufuhr, Solarium, Eindecken, bei ausgeglichenem Stallklima

Verschlechterung: durch Kälte, Zugluft, Feuchtigkeit, schlechte Stallluft, Wetterwechsel, vorwiegend von Sommer auf Herbst/Winter. Bei extremen Sommertemperaturen, deutlich körperlicher Überanstrengung (Turnierteilnahme: Vorsicht auch bei heißem Wetter), langes Stehen, kaum Bewegungsmöglichkeit im Stall, erkennbare Steifheit in der Bewegung zu Beginn des Longierens

Äußere Erscheinungsform

Schlanke bis abgemagerte Pferde mit schwachen Gelenken, Sehnen und Bändern. Sie sind meist hoch gewachsen und erscheinen unreif. Die Pferde zeigen leichten Hängebauch.

Erfahrungsberichte

Trächtigkeit und Geburt

Als unsere dreijährige Schimmelstute (Akzent II/Pluchino xx) vom Hengst Brentano gedeckt wurde, verabreichten wir ihr während der Trächtigkeit täglich 10 Tabletten der Nr. 1. Zusätzlich erhielt sie zweimal täglich 10 Tabletten von einer Mischung aus den Salzen Nr. 2, 3 und 7 (diese Salze werden weiter unten noch beschrieben).

Trächtigkeit und Geburt verliefen problemlos, und wir wurden mit einem gesunden Hengstfohlen belohnt.

Tipp

Für die psychische Unterstützung kurz vor, während und 1–2 Tage nach der Geburt kann man das Salz Nr. 5 verabreichen; zweimal täglich 5–10 Tabletten. Stellt man fest, dass die Stute psychisch sehr angespannt ist, kann man die Tablettenmenge auch kurzfristig verdoppeln.

Sinnvoll ist eine Gabe von Salz Nr. 7 direkt nach Feststellen von kleinen Milchtropfen am Euter (ein Zeichen des baldigen Einsetzens der Geburt). Dies soll die Geburtswehen unterstützen und gleichzeitig entkrampfend wirken. Hierfür löst man etwa 20 bis 30 Tabletten in gut warmem Wasser auf und verabreicht der Stute diese Lösung dann per Spritze direkt ins Maul. Eine Wiederholung der hoch dosierten Gabe kann bei einem lange dauernden Geburtsvorgang von Fall zu Fall sinnvoll sein.

Entwicklungsprobleme

Unser Pferd »Bel Air« war ein aufgewecktes, lebhaftes und selbstbewusstes Fohlen. Auch er erhielt regelmäßig die Nr. 1, in Verbindung mit den Nrn. 2, 3 und 11 (siehe dazu die entsprechenden Beschreibungen der Salze). Da wir keinerlei Probleme mit ihm sowohl als Fohlen als auch als Jungtier hatten, wurde die Mischung der Schüßler-Salze nicht immer so regelmäßig gegeben. Bel Air wurde behutsam eingeritten und wir freuten uns an seinen schnellen Fortschritten. Im Nachhinein mussten wir erkennen, dass das Pferd viel zu schnell Fortschritte in der Ausbildung machte. Er wurde mit zunehmender Anforderung immer »guckiger«, sprang unverhofft plötzlich während der Arbeit zur Seite und verspannte sich manchmal im Rücken. Die stets behutsame Ausbildung wurde dann immer mehr aufgrund seiner Nervosität erschwert, und ein konzentriertes Arbeiten war nicht immer möglich. Dann hatte er plötzlich keine Lust mehr, aus seiner Box zu kommen, obwohl wir die Arbeit schon längst wieder zurückgefahren hatten. Auffällig war, dass er stets beim Heraustreten aus der Box zunächst einmal seine Hinterbeine abwechselnd streckte, als ob er die steifen Gelenke erst lockern müsse. Morgens war seine leichte Steifheit besonders deutlich sichtbar, vor allem dann, wenn es draußen kälter und feucht wurde. Die so genannte »gemäßigte« Steifheit ging allerdings durch lockeres, leichtes Longieren zurück. Ein Stehtag im Winter mit grundsätzlich wenig Bewegung verstärkte diese Symptome wieder. Wir verabreichten ihm dann das Schüßler-Salz Nr. 1 – viermal täglich 10 Tabletten zunächst 14 Tage lang. Wir lösten die Tabletten in Wasser auf und gaben ihm die Lösung mittels einer Spritze direkt ins Maul.

Wir bemerkten schnell, dass die Verspannungen langsam weniger wurden. Wir setzten die Gabe von viermal 10 Tabletten täglich für weitere zwei Wochen fort und stellten fest, dass auch seine Schreckhaftigkeit allmählich nachließ und sich seine Konzentrations- und die Aufnahmefähigkeit verbesserte. Die Therapie wurde mit dreimal 5 Tabletten täglich noch über einen Monat weitergeführt, um sicherzugehen, dass das Defizit von Calcium fluoratum behoben war. Zusätzlich zur Nr. 1 erhielt Bel Air das »Ausbildungssalz« (Nr. 2) in einer Dosis von dreimal täglich 5 Tabletten. Dies wurde konsequent weitergeführt und erfüllte somit gute Dienste während der gesamten Ausbildungszeit.

Probleme beim Turnierpferd

Der »Patient« war eine 16-jährige Stute, die erfolgreich im Dressursport eingesetzt wurde. Zu dem Zeitpunkt der Untersuchung sollte sie nur noch vereinzelt auf Turnieren vorgestellt werden, um sie auf den Ruhestand vorzubereiten. In Dressurprüfungen war das Pferd für seine Besitzerin nicht unbedingt ein zuverlässiger Partner. Selbst im fortgeschrittenen Alter und trotz der vielen Turniererfahrungen reagierte die Stute auf ungewohnte Situationen mit Anspannung. In den Prüfungen zeigte sie sich dann mehr oder weniger widerwillig und ungehorsam. Für die erfahrene Reiterin war das aber selten wirklich dramatisch, weil sie es kaum anders gewohnt war und die Anspannung als kleinen »Tick« ansah.

Im jetzt fortgeschrittenen Alter schien ihr Pferd nicht mehr den richtigen Elan zu zeigen, um die tägliche Arbeit zu absolvieren, und manchmal wollte die Stute auch gar nicht mehr aus der Box treten. Vorwiegend morgens zeigte sie eine leichte Steifheit. Die Besitzerin war der Meinung, dass ihr Pferd durch den bisherigen sportlichen Einsatz jetzt im Alter einfach mehr Ruhe brauchte.

Bei uns suchte sie nun Rat, welche Schüßler-Salze sie ihrem »alten« Pferd vor dem Hintergrund ihrer Beobachtungen geben könnte.

Äußerlich machte das Tier einen guten Eindruck. Die Muskulatur war entsprechend ausgeprägt und nicht schlaff. Auch das Fell glänzte und es bestanden keine Anzeichen von Hautproblemen. Es lagen keine Schwellungen der Gelenke vor. Einzig die Hufe waren etwas spröde, und die Besitzerin berichtete, dass bei ihrer Stute öfter eine leichte Mauke auftrat. Das Pferd machte auf uns keinen »alten« Eindruck. Dies ist keinesfalls ungewöhnlich, denn durch die Möglichkeiten einer artgerechten Haltung mit Weidegang, den Kontakt zu anderen Pferden und einen vernünftigen sportlichen Einsatz können Pferde durchaus beschwerdefrei 25 bis 30 Jahre alt werden.

Natürlich hört man in den Medien oftmals, dass Sportpferde bereits mit 15 Jahren alt sind und nicht mehr im professionellen Sport eingesetzt werden können. Hier müssen wir aber immer wieder feststellen, dass, wenn die Bedingungen für das Pferd stimmen, auch die Altersgrenzen im Leistungssport viel höher sein können.

Zurück zur Stute. Wir empfahlen der Besitzerin daraufhin, ihrer Stute die Nr. 1 in einer Tagesdosis von 10 bis 15 Tabletten über einen Zeitraum von drei Monaten zu verabreichen. Zusätzlich zu Salz Nr. 1 sollte das Pferd 10 Tabletten von einer Mischung aus den Schüßler-Salzen Nr. 2, 6 und 11 erhalten. Für eine Steigerung der Energie gaben wir ihr den Tipp, zusätzlich das Salz Nr. 3 ein- bis zweimal pro Woche (5 Tabletten mittags) dazuzugeben.

Etwa zwei Monate nach der konsequenten Eingabe berichtete die Pferdebesitzerin, dass die Stute merklich zuverlässiger geworden sei, einen viel frischeren Eindruck machte und sich sogar ihre Beweglichkeit verbessert hätte. Sie setzte die Behandlung noch einige Monate fort und möchte nun ein- bis zweimal jährlich diese Intensivkur durchführen.

Bemerkung

Grundsätzlich ist eine Fortführung der Schüßler-Salz-Verabreichung bei positiven Reaktionen sinnvoll. Meist zeigt sich der Mangelzustand erst nach Jahren. So ist es erfahrungsgemäß sinnvoll, eine positive Reaktion auf die Schüßler-Salze zum Anlass zu nehmen, mit genau diesen Salzen eine lange Zeit weiterzuarbeiten, um die Speicher wieder aufzufüllen.

Nr. 2
Calcium phosphoricum (D6)
Das Ausbildungssalz

Biochemie

- Reguliert die Durchlässigkeit der Zellmembran
- Knochenaufbaumittel
- Blutaufbaumittel
- Betriebsstoff für die willkürlichen Muskeln
- Bindet Eiweiß für den organischen Aufbau

Merke: ***Funktions- und Stärkungsmittel Eingesetzt bei Neubildungs- und Aufbauprozessen von Blut, Eiweiß und Zellen.***

Während der Trächtigkeit kann die Gabe von Salz Nr. 1 und 2 sehr sinnvoll sein.
Calcium fluoratum (Nr. 1) und Calcium phosphoricum (Nr. 2) wirken gemeinsam beim Aufbau der Knochen. Nr. 2 sorgt für die Stabilität und den Aufbau der inneren Struktur, während Nr. 1 für die Bildung der äußeren Hülle zuständig ist.
Das Salz Nr. 2 kommt bei allen beginnenden Erkrankungen zum Einsatz und später dann in der Rekonvaleszenz-Zeit und zur Abwehrstärkung, da es für den Zellaufbau und die Blutbildung zuständig ist.
Es ist ein wichtiges Mittel für Schwächezustände. Für das Fohlen und das Jungpferd ist es besonders wertvoll, da es die Entwicklung von Knochen und Zähnen unterstützt.
Während der gesamten Wachstumsphase des Pferdes ist eine ausreichende Versorgung der Kombination von Nr. 1 und Nr. 2 sehr wichtig!

Eine zentrale Rolle spielt das Mineral beim Eiweißaufbau der Zelle. Es hat dadurch Einfluss auf die Zellneubildung und deren Tätigkeit.
Es ist ein wichtiges Funktionsmittel der Zellmembranen und nimmt Einfluss auf die Versorgung des Skelettsystems. Es hat unter anderem auch Einfluss auf Herz- und Nerventätigkeit, d. h. die Impulsübertragung bzw. der Impulsaustausch der Nervenzellen wird reguliert und gedämpft.
Salz Nr. 2 bindet das Eiweiß für den organischen Aufbau. Ist ein Mangel vorhanden, wird das Eiweiß nicht verarbeitet und als Eiweißflocken im Organismus angeschwemmt, was mit Gewichtszunahme einhergeht.

Hauptanwendungsgebiete

- Im Gegensatz zu Nr. 1 werden die Beschwerden durch Bewegung verschlimmert. Beschwerden treten vermehrt im Herbst und Frühjahr durch den feuchten, kalten Wetterwechsel auf.

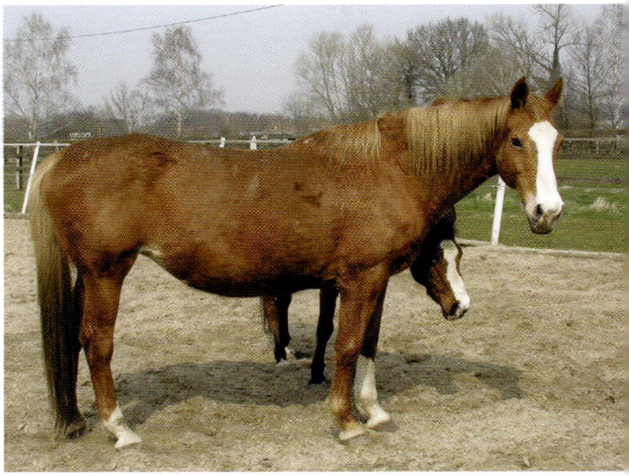

Gut kombiniert: Die Salze Nr. 1 und Nr. 2 unterstützen die tragende Stute.

- Störungen in den Erneuerungs- und Aufbauvorgängen. Dies macht sich vor allem im Knochenstoffwechsel bemerkbar.
- Osteoporose, schlecht heilende Knochenbrüche, Wachstumsschmerzen, Probleme bei Zahn- und Knochenbildung, Entwicklungsrückstände, Schwäche, Muskelkrämpfe, Zuckungen, Allergien, schlecht heilende Wunden, diverse vegetative Störungen wie Nervosität, Unruhe, vermehrte Schweißbildung, schnelle Überanstrengung und Überaktivität, Erschöpfungszustände bei Anämien und anderen Blutbildungserkrankungen, Gefäßerkrankungen wie Arteriosklerose.

Spezielle Merkmale beim Pferd

Das Pferd zeigt Berührungsschmerzen im gesamten Rückenbereich und an den Beinen. Bei Berührung der Wirbelknochen knickt es ein und will dem Schmerz durch Wegdrehen des Körpers entgehen. Bewegungen verschlimmern den Schmerz. Sichtbar beim Longieren, wenn das Pferd immer steifer und verspannter wird oder zunehmend Lahmheit zeigt. Vorwiegend bei Kälte und Nässe, bei Wetterwechsel verstärkt. Das Pferd friert (zittert), zieht den Bauch ein, ist dann triebig und zum Arbeiten schwer anzuhalten. Dieser Zustand zeigt sich auch häufig im Anschluss an eine schwere Erkrankung und geht meist mit einer Futterverweigerung einher. Nach allen Operationen, vor allem verbunden mit Blutverlust und bei Schwächezuständen, nach überstandenen Koliken und vor allem bei Verletzungen von Knochen (Knochenbrüche und Haarrisse) ist Nr. 2 angezeigt. Für die trächtige Stute ist das Salz Nr. 2 ebenso sinnvoll, wie für Fohlen, die schnell wachsen, hochbeinig und insgesamt sehr mager und zartgliedrig aussehen. (Fohlen, die fast schon etwas ausgezehrt wirken und alles in allem in der Entwicklung hinterherhinken.)

Bei diesen Fohlen und Jungtieren kommt es verstärkt zu Wachstumsschmerzen, die diese Tiere psychisch oftmals überfordern und dann ängstlich und übernervös werden lassen.

Heute ist es leider zum Standard geworden, Pferde viel zu früh, meist schon zweieinhalb- oder dreijährig anzureiten. In diesem Alter befinden sich die meisten Reitpferde noch in einer intensiven Wachstumsphase.

Pferde, die einen Mangel an Nr. 2 haben, sind beim Anreiten nicht unbedingt leicht in der Handhabung. Sie sind schreckhaft, wehren sich gegen Trense und Sattel, sind aufsässig und verlangen vom Reiter eine Menge Geduld. Hier sollte man als verantwortungsbewusster Ausbilder berücksichtigen, dass sich ein noch im Wachstum befindendes Pferd gerade durch Wachstumsschmerzen belastet sein kann und allein dadurch psychisch überfordert wird. Jeder kennt doch die als »Spinner« und »Steiger« abqualifizierten Pferde übermäßig ehrgeiziger Reiter. Meist ist das aber eher die Folge viel zu frühen und intensiven Reitens und entsprechend unsachgemäßen »Maßnahmen« des Reiters bei Widersetzlichkeiten der Pferde.

Viele Pferde sind sowohl in physischer als auch in psychischer Hinsicht Spätentwickler, was unbedingt beim Einreiten und in der Ausbildung berücksichtigt werden muss. Hier ist der Einsatz von Salz Nr. 2 wieder besonders wichtig.

Salz Nr. 2 ist wichtig für junge Pferde, da es die Entwicklung von Knochen und Zähnen unterstützt.

Hautprobleme zeigen sich in Form von deutlicher Schuppenbildung mit starkem Juckreiz. Durch ständiges Reiben und Kratzen der Haut kommt es zu kahlen Stellen. Die Hautentzündungen können auch eitrig sein. Sommerekzeme gehören zu solchen Beschwerdebildern. Die Haut an sich ist trocken, reagiert schnell allergisch und neigt zu Flechtenbefall (Pilzerkrankungen).
Stuten mit Calcium-phosphricum-Mangel zeigen eine sehr deutliche Rosse, sie sind dann »kitzelig« beim Reiten und können aggressive Abwehrreaktionen auf Schenkelhilfen oder den Einsatz von Sporen und Gerte zeigen. Hengste zeigen eine deutlich gesteigerte Unruhe und sind sehr schlecht zu händeln. Dies kann bereits im Fohlenalter zum Problem werden.

Psychische Aspekte
Junge wie erwachsene Pferde zeigen deutliche Panikbereitschaft, erschrecken schnell und reagieren mit übermäßigem Ungehorsam. Diese Pferde sind für den Reiter schlecht einzuschätzen, denn sie können bei jeder Kleinigkeit unvermittelt explodieren. Sie wirken während der Arbeit unkonzentriert und sind wenig leistungsbereit. Vielfach sind sie nervös und überaktiv, zeigen dann keinen Schritt, trippeln, sind für den Reiter kaum zurückzunehmen und machen ständig Fehler. Diese Pferde stellen ihre Box auf den Kopf, laufen unruhig hin und her, verweigern Heu und Kraftfutter oder stürzen sich gierig auf den Futtertrog, um sich dann fast am Kraftfutter zu verschlucken. Sie sind ungern allein und hängen sich gerne an ein anderes Pferd (kleben). Sie schlagen gegen Boxentür und -wände, wenn der Partner fehlt.
Diese Pferde wollen auch nicht allein auf dem Hänger stehen, rufen ständig nach ihrem Partner und stellen alles an, um auf sich aufmerksam zu machen und aus dem Hänger zu kommen. Die übernervösen Tiere schwitzen schnell und stark. Schweißgebadet sieht man sie auf Turnieren, aber auch bei der normalen Arbeit. Insgesamt sehen diese Pferde eher ausgemergelt aus, haben eine schwache Muskulatur und eine faltige Haut.

Verschlechterung: durch verstärkte Anstrengung, vor allem bei Durchnässung und ständigem Wetterwechsel von trocken nach feucht.
Verbesserung: gleichmäßige Bewegung bei trockenem Wetter, Wärme, keine Hitze

Äußere Erscheinung
Hochbeinige, schnell wachsende, zarte bis mager aussehende Pferde, vor allem Jungtiere und Fohlen. Schwache Muskulatur, faltige Haut mit Schuppenbildung und Juckreiz.

Erfahrungsberichte

Hautprobleme mit Begleiterscheinung bei 10-jähriger Stute

Die Geschichte einer 10-jährigen Schimmelstute (Akzent/Tiro). Zunächst die Vorgeschichte: Das Pferd war das erste Fohlen einer Pluchino xx Stute. Die Geburt verlief ohne Komplikationen. Als die Mutterstute zur erneuten Bedeckung gebracht wurde, kam das Fohlen an eine Wassertränke und trank daraus. Es bekam starken Durchfall, magerte deutlich ab und befand sich relativ schnell in einem kritischen Zustand. Eine erhöhte Flüssigkeitszufuhr mit Elektrolyten wurde nötig. Zur Unterstützung erhielt es zweimal täglich eine Tablette von Salz Nr. 3 und jeweils eine Tablette der Nrn. 9 und 10. Die Gabe der Schüßler-Salze wurde drei Monate weitergeführt.

Das Fohlen erholte sich, blieb aber in der körperlichen Entwicklung in den ersten drei Jahren gegenüber anderen Jungtieren leicht zurück. Um diesen Rückstand aufzuholen, wurde der Stute ab dem 3. Lebensjahr zweimal täglich je 10 Tabletten Calcium phosphoricum (D6) verabreicht. Zusätzlich wurde eine Mischung aus den Nrn. 1, 3 und 6 in einer Dosis von täglich zweimal 5 Tabletten empfohlen. Mit Ende des vierten Lebensjahres wurde das Pferd behutsam eingeritten und mit fünf Jahren war der körperliche Rückstand so gut wie ausgeglichen. Die Dosis von Salz Nr. 2 wurde auf zweimal 5 Tabletten reduziert und noch einige Monate fortgeführt. Im Alter von sechs Jahren und mit einer bereits deutlich fortgeschrittenen Dressur-Ausbildung zeigte sich die Stute an manchen Tagen zunehmend nervöser und schwitzte schnell. Zudem wurden die Turniere sowohl für den Reiter, als auch für die Stute zur Belastungsprobe. Es war mühsam, mit ihr konzentriert zu arbeiten. Sie ließ sich schnell ablenken und reagierte manchmal regelrecht panisch. Das ansonsten weich zu sitzende Pferd zeigte kurz vor und besonders während der Rosse einen ungewohnt angespannten Rücken. Sie war dann schlecht zu sitzen und schlug nach Schenkel und Sporen. Die Stute legte sich ungewohnt auf den Zügel und ließ ein entspanntes Training kaum zu. Manchmal »explodierte« sie regelrecht beim Angaloppieren. Im Frühjahr scheuerte sich die Stute so lange die Mähne, bis ihre Haut blutete. Diese Symptome waren typisch für einen hohen Mangel an Nr. 2. Sie erhielt jetzt als vordergründiges Salz wieder die Nr. 2 – fünfmal täglich 10 Tabletten für die nächsten vier Wochen.

Eine Mischung der Nrn. 6, 10 und 11 in einer Dosis von zweimal täglich 10 Tabletten wurde für den Sommerekzem ähnlichen Zustand zusätzlich verabreicht. (Bitte zum Thema Sommerekzem den gesonderten Abschnitt lesen.)

Mit der Stute wurde täglich weitergearbeitet, wobei das Pensum deutlich zurückgefahren wurde, bis wir beobachten konnten, dass sich die psychische Situation des Pferdes wieder etwas besserte. Es bedurfte jedoch noch zwei Monate intensiver Schüßler-Gabe, bis eine deutliche Verbesserung zu erkennen war.

Auf die aufgescheuerten Stellen bekam sie die Schüßler-Salz-Salbe Nr. 2 mehrmals täglich aufgetragen.

Tipp: Die Salbe wurde nur abends aufgetragen, wenn die Stute nicht mehr auf die Weide kam. Für den Weidegang wurde morgens der Rest der Salbe sorgfältig abgewaschen. Die in der Salbe enthaltene Fettgrundlage ist bei den Sommerekzem ähnlichen Symptomen nicht empfehlenswert. Sonnenstrahlen, die auch bei Bewölkung aktiv in die empfindliche Haut des Pferdes eindringen, können mit dem Fett zusammen wie eine Art Brennglas wirken und weitere Schädigungen der Haut hervorrufen. Bewährt hat sich daher ein fettfreies Sonnenschutzgel. Eine Vermischung des Sonnenschutzgels mit Tablettenpulver der Nr. 2 ist als therapeutische Maßnahme für den Tag auf der Weide optimal. Nach weiteren vier Wochen intensiver Zufuhr von Salz Nr. 2 verbesserte sich das Beschwerdebild der Stute insgesamt, sodass nach zwei Monaten die Dosis auf dreimal 10 und nach weiteren vier Wochen auf einmal 10 Tabletten zurückgefahren wurde. Eine Erhaltungsdosis von mindestens einmal 5 Tabletten am Tag wurde noch weitere fünf Monate durchgeführt.

Zahnprobleme mit Verhaltensveränderungen beim jungen Pferd

Es wurde eine 6-jährige Stute vorgestellt, die von ihrem Besitzer erfolgreich in Dressurprüfungen geritten worden war. Nun zeigte sich seit einiger Zeit, dass die Stute trotz guten Futters nicht richtig zunahm. Sie machte einen erschöpften Eindruck. Des Weiteren meinte der Besitzer, dass die Stute bei feucht-kaltem Wetter mitunter einen »klammen« Schritt und Trab zeigte und eine ganze Zeit brauchte, bis sie sich »eingelaufen« hatte. Die Stute machte auf uns keinen unterernährten Eindruck, sah aber recht schlank aus und die Muskulatur konnte für ein Sportpferd durchaus ausgeprägter sein. Sie ließ ein vorsichtiges Abtasten der Muskulatur nur widerwillig zu, machte einen eher ängstlichen und unsicheren Eindruck und begann schon leicht zu schwitzen. Alle Gelenke waren klar. Beim Abtasten der Wirbelsäule zeigte das Pferd eine eindeutige Gegenreaktion, das so genannte »In-die-Knie-Gehen«, und drehte sich andauernd herum, um dem Druck auf dem gesamten Rückenbereich zu entgehen.

Wichtig bei jungen Pferden ist die Inspektion des Mund- und Zahnbereiches. Gerade ein Mangel an Nr. 2 zeigt sich in Zahnproblemen, wie z.B. einer Fehlstellung und einer Entzündung. Die Inspektion des Mundraumes ergab, dass das Pferd so genannte Haken auf den Zähnen hatte. Jetzt fiel dem Besitzer auch ein, dass das Pferd sich nicht mehr so gerne auftrensen ließ, während des Reitens häufig mit dem Kopf schüttelte und mit den Zähnen knirschte. Auch im Training reagierte es widerwillig auf Zügelhilfen. Neben dem guten Ratschlag, das Pferd im Sport wirklich dosierter einzusetzen, verordneten wir das Schüßler-Salz Nr. 2. Es sollten ihm täglich für zunächst vier Wochen dreimal 10 Tabletten gegeben werden. Neben dem dringenden Besuch beim Veterinär wegen der Zähne (hier werden die Haken auf den Zähnen fachgerecht entfernt), empfahlen wir die zusätzliche Gabe von Salz Nr. 7 (täglich zweimal 5 Tabletten). Zur Entspannung der Muskulatur wurde die Gabe von 10 Tabletten der Nr. 5 zwei- bis dreimal die Woche ebenfalls angeraten.

Nr. 3
Ferrum phosphoricum (D12)
Das Erste-Hilfe- und Leistungssalz

Es ist das Hauptmittel für alle plötzlich auftretenden akuten Krankheitszustände, Schwäche- und Schmerzzustände.

Biochemie

- Bindet in den roten Blutkörperchen den Sauerstoff, der dadurch in die Zelle gelangt
- Regt die Durchblutung an.
- Regt das Abwehrsystem an (Fresszellen, Phagozyten)
- Regt die Blutbildung an (rote Blutkörperchen, Erythrozyten)
- Wichtiges Transportmittel im Körper.
- Große Bedeutung für den Energiehaushalt

Merke: ***Erste-Hilfe-Mittel, Akutmittel, Mittel der 1. Entzündungsphase***

Einsatz bei

- Akuten Fieberzuständen, fieberhaften Infekten
- Neigung zu Entzündungen und Wundheilungsstörungen
- Klopfenden, pochenden und pulsierenden Entzündungen und Schmerzen
- Muskelkater, rheumatischen Beschwerden
- Konzentrationsstörung

Anwendung beim Pferd

Wer Pferde hat, weiß, wie häufig Quetschungen, Stauchungen, Schürfwunden, Blutergüsse oder andere Verletzungen auftreten können. Das Salz Nr. 3 empfiehlt sich bei allen Wunden zur Verbesserung der Wundheilung, zur Blutstillung, bei fieberhaften Infektionen und allgemeiner Neigung zu Entzündungen.

Ferrum phosphoricum wird oft als Akutmittel oder Notfallmittel bezeichnet, da es gerade in der ersten Phase aller Entzündungen, bei Überanstrengungen und Verletzungen sowie auch in der frühen Phase von Infektionskrankheiten hervorragend einsetzbar ist.

Die Sauerstoffzufuhr in den Muskeln wird durch das Salz verbessert. Dies ist besonders beim Sportpferd ideal, um Widerstandskraft und Leistungsfähigkeit zu stärken, Muskelkater vorzubeugen und das Immunsystem anzuregen.

Junge Pferde, die auf den sportlichen Einsatz vorbereitet werden und im täglichen Training stehen, werden durch die Gabe von Salz Nr. 3 erheblich unterstützt.

Salz Nr. 3 ist ein wichtiger Energiespender und unterstützt die Vitalisierung ausgezehrter Pferde.

Ein Mangel an Nr. 3 lässt die Muskelzellen erschlaffen. Die Blutgefäße reagieren daraufhin mit einer Erweiterung und es kommt zu einer übermäßigen Blutzufuhr, einer so genannten Reizhyperämie (übermäßige Blutzufuhr in bestimmten Geweben). Dies kann wiederum eine massive Muskelverspannung zur Folge haben und/oder den Beginn einer Entzündung einleiten.

Pferde, die nach Anstrengungen steif sind, einen klammen Schritt und Trab zeigen, lustlos mitarbeiten, antriebslos sind und sich nur schwer konzentrieren können, benötigen dringend die Nr. 3. Hierbei sollte man eine tägliche Dosis von mindestens 10, bei größerer Belastung auch 20 Tabletten wählen.

Bewährt hat sich Salz Nr. 3 zur Unterstützung bei allen Operationen, zum Beispiel bei einem Eingriff am empfindlichen Darm, bei der heute sehr häufig durchgeführten Entfernung eines Gelenk-»Chips« oder bei einer Kastration. Hier hat sich Salz Nr. 3 als Sofortgabe nach der Narkose bewährt. 20 Tabletten in Wasser auflösen und dem Pferd bis zu drei Stunden nach der OP stündlich direkt ins Maul (am besten mit einer Spritze) verabreichen.

Die Nr. 3 unterstützt nicht nur die Wundheilung, sondern wirkt auch schmerzlindernd, abschwellend und schützt das Pferd vor Infekten. Auch das seelische Gleichgewicht nach solchen Eingriffen verbessert sich.

Mangelzeichen

Ein Mangel an Nr. 3 zeigt sich beim Pferd schon in der Box. Es steht müde, schlapp mit hängendem Kopf im Stall, legt sich möglicherweise häufig hin und steht dann nur widerwillig auf. Es verweigert regelmäßig sein Futter. Auffällig ist, dass das Pferd trotzdem viel trinkt. (Könnte schon ein Fieberanzeichen sein! Temperatur messen! Bitte verwenden Sie immer ein Fieberthermometer, dessen Ende an einem langen Band befestigt ist, denn es kann leicht in den After rutschen!)

Eine blasse Farbe des Zahnfleisches deutet auf Eisenmangel (Anämie) hin. Es treten immer wieder Entzündungen an der Haut auf, die meist nässen, wie z. B. Mauke. Trotz sorgfältiger Pflege heilen die Wunden nur schwer ab.

Oftmals handelt es sich um abgemagerte und erschöpft wirkende Tiere (Turnierpferde, die unverhältnismäßigem Stress ausgesetzt sind, oder die oben beschriebenen Jungpferde, die zu viel und zu früh trainiert werden).

Schimmel sollten immer gut beobachtet werden. Sie sind besonders im Frühling anfällig für Sonnenallergien oder Ekzeme.

Pferde nach einem Schock (z.B. nach einer OP, wie oben beschrieben), bei massiven Verletzungen und Unfällen, aber auch nach Impfungen und Wurmkuren, sollten die entsprechende Dosis der Nr. 3 als Sofortgabe oder anschließend in regelmäßigen Abständen erhalten.

Die Verabreichung von Salz Nr. 3 hat sich vor allem bei Atemwegs-Problemen bewährt. Schlecht belüftete Ställe und die unregelmäßige Bewegung der Pferde führen zu einer Minderdurchblutung des Organismus – hier speziell der Atemwege. Das führt unter anderem zu vermehrt auftretenden Entzündungen des Nasenbereichs, der Luftröhre, Bronchien und Lunge. Schon beim ersten

Anzeichen sollte man mit einer hohen Gabe von Salz Nr. 3 beginnen. Sie können – wenn Sie es als Sofortmittel einsetzen – jede Viertelstunde bis zu zehn Tabletten verabreichen. Selbst Behandlungen durch den Tierarzt sollten zweimal täglich durch diese Zusatzgabe von zehn Tabletten der Nr. 3 unterstützt werden (siehe Angaben zu »Kombination mit anderen Medikamenten«).

Dieses Mineralsalz sollte man so lange einsetzen, bis eine eindeutige Besserung eingetreten ist. Um die Leistungsfähigkeit wiederherzustellen hat sich eine Fortführung der Mineralsalz-Gabe von zweimal 5 Tabletten über einen Zeitraum von etwa drei Monaten bewährt.

Auch Ohrenentzündungen, die z.B. nach Verletzungen oder als Folge heftigster bakterieller oder viraler Entzündungen oder auch bei Pilzinfektionen auftreten können, werden in der entsprechenden Behandlungsform zusätzlich durch die Gabe von Salz Nr. 3 erheblich unterstützt.

Bedenken Sie immer, wie wichtig intakte Ohren für das Pferd sind. Dieses Sinnesorgan ist für das Fluchttier von großer Bedeutung. Es bestimmt viele Funktionen im gesamten Pferdeorganismus. Entzündungen, die das Hörvermögen einschränken, sind nicht zu unterschätzende Belastungen. Die Verständigung des Pferdes mit seinen Artgenossen hängt in hohem Maße auch mit seinem Hörvermögen zusammen. Das Ohr als Gleichgewichtsorgan ist entscheidend für die Balance von Körper und Seele. Alle Entzündungen in diesem Bereich werden durch die Sauerstoff versorgende Eigenschaft von Ferrum phosphoricum positiv beeinflusst.

Zu empfehlen ist das Salz Nr. 3 nach allen anstrengenden körperlichen Leistungen wie etwa einem Turniereinsatz, zur Rekonvaleszenz nach langer Krankheit sowie vor und nach der Geburt für das Fohlen und die Stute.

Psychische Aspekte

Das Sensibelchen unter den Pferden, aber mit dem Hang, sich mit Zwängen auseinanderzusetzen. Das Pferd ist einerseits empfindsam, scheu, ermüdet schnell, ist kraftlos und liebesbedürftig, andererseits kann es in einer Zwangslage mit hoch explosiven und unerwarteten Reaktionen aufwarten.

Hier sollte man sein Pferd, das triebig ist und einen schlappen und müden Eindruck macht, nicht noch unnötig mit der Gerte oder den Sporen antreiben. Dabei kann es nämlich dann sowohl für den Reiter, als auch für das Pferd zu gefährlichen Situationen kommen.

Sehr oft zeigt sich überdies eine Verweigerung des Futters.

Das Pferd ist überaus wehleidig und fordert die volle Aufmerksamkeit. Bekommt es dann nicht die uneingeschränkte Zuwendung, kann es recht eigenwillig und ungehorsam mit kleinen Boshaftigkeiten bis hin zu aggressiven Unarten reagieren. Es kneift, wenn es nicht gestreichelt oder beachtet wird, und tritt nach Sporen und Gerte. Außerdem kann sich das sensible Tier regelrecht in etwas hineinsteigern und unangemessen bis panisch reagieren.

Verbesserung: bei leichter Bewegung, bei kühlen Umschlägen

Verschlechterung: bei wenig Bewegung; Pferd legt sich nicht mehr hin oder liegt untypischer Weise in der Box und will nicht mehr aufstehen; bei Kälte bei übermäßiger Belastung

Allgemeine Erscheinung

Es handelt sich meist um Pferde mit hellem Kurzhaar (Schimmel); schmale, schwächliche Erscheinungen, die nur gering belastbar sind; zart bis mager, untergewichtig; Pferde sind schnell erschöpft und zeigen typische Anzeichen von Infektionen.

Oftmals sind es Pferde mit hellem Haarkleid, die von einem Mangel an Salz Nr. 3 betroffen sind.

Erfahrungsbericht

Magenschleimhautentzündung und deren Bedeutung für ein Pferd

Ein neunjähriges talentiertes Dressurpferd war laut tierärztlicher Diagnose an Gastritis (Magenschleimhautentzündung) erkrankt.

Eine Gastritis kann verschiedene Ursachen haben. Zum einen belasten hastige Futteraufnahme und die daraus resultierende unzureichend zerkleinerte Nahrung den Magen. Vorhandene Zahnschäden, Hakenzähne und diverse Zahnentzündungen können eine Gastritis ebenfalls begünstigen. Zum anderen kann eine Gastritis aber auch durch eine psychische Überbelastung hervorgerufen werden. Ursache hierfür können Turnierstress, zu frühes und intensives Einreiten und Ausbilden des Pferdes, schlechte Unterbringung sowie wenig Kontakt zu Artgenossen sein. Aber auch Vergiftungen und Belastungen mit und durch Medikamente, Insektizide etc. können eine Magenschleimhautentzündung verursachen.

Bei dem uns vorgestellten Pferd war wahrscheinlich eher an psychische Überbelastung durch Turnierstress und an eine zu hohe Anforderung durch den Besitzer zu denken. Aufgrund der Gastritis verweigerte das Pferd zunehmend sein Futter und verlor an Gewicht, außerdem war dem Besitzer aufgefallen, dass das Pferd ständig »flehmte«, ungewohnt sensibel reagierte und schnell erschöpft war. Da dieser Zustand noch nicht lange bestand, erschien es sinnvoll, zunächst eine hohe Dosis Nr. 3 zu verabreichen. Dreimal täglich erhielt das Pferd 15 Tabletten. Sie wurden in lauwarmem Wasser aufgelöst und mit einer Spritze ins Maul verabreicht. Zusätzlich zur Unterstützung der Verdauungsorgane empfahlen wir die regelmäßige Zugabe von dreimal 5 Tabletten der Nrn. 9, 6 und 11.

Diese Behandlung sollte vier Wochen durchgeführt werden und danach ein Lagebericht abgegeben werden. Schon innerhalb dieser Zeit begann das Pferd, wieder genügend Nahrung aufzunehmen. Das »Flehmen« ließ nach und man hatte jetzt schon den Eindruck, dass es ihm deutlich besser ging. Die Schüßler-Gabe von Nr. 3 wurde reduziert auf zweimal täglich 10 Tabletten plus zweimal 5 Tabletten der Nrn. 6, 9 und 11. Die Empfehlung lautete, diese Vorgehensweise noch für die nächsten zwei bis drei Monate fortzuführen. Erst danach sollte über eine weiterführende Schüßler-Therapie nachgedacht werden.

Bemerkung: Während einer Schüßler-Behandlung kann sich das Beschwerdebild verändern. Das heißt, dass einzelne Salze bereits ihre Wirkung gezeigt haben und bis dahin unterdrückte Symptome hervortreten. Dies bedarf einer neuen Salzbestimmung mit entsprechendem Dosierungsvorschlag. Treten innerhalb der erwarteten Zeit keine Veränderungen oder Verbesserungen ein, so sollte man sich nochmals intensiv mit den gesamten Symptombildern der einzelnen Schüßler-Salze befassen oder bei Unsicherheit einen Schüßler-Fachmann aufsuchen. Vielleicht hat man wichtige Details des Beschwerdebildes übersehen oder sie einfach falsch eingeschätzt. Eine selbstkritische Einstellung ist dann von Vorteil und gibt Gelegenheit, das »richtige Salz« doch noch zu finden.

Nr. 4
Kalium chloratum (D6)
Das Schleimhautmittel

Biochemie

- Es bildet den Faserstoff, eine Eiweißverbindung, die Fasern zusammenfügt, und in roten Blutkörperchen, Muskel-, Nerven- und Hirnzellen vorhanden ist
- Wichtiger Baustein der Schleimhäute und der Faserstoffe des Bindegewebes
- Es ist das Mittel der 2. (subakuten) Entzündungsphase
- Bedeutender Betriebsstoff der Drüsen im Körper
- Wichtiges Entgiftungs- und Entschlackungsmittel
- Speicherort sind Bronchien, Schleimhäute und Drüsen
- Es reguliert die Blutfließgeschwindigkeit, aktiviert die Drüsenfunktionen

Merke: ***Schleimhautmittel, Entgiftungs- und Entschlackungsmittel. Das Mittel der 2. Entzündungsphase.***

Merkmale beim Pferd

Der Einsatz von Salz Nr. 4 ist vor allem bei Problemen mit den Schleimhäuten (zum Beispiel der Atemwege) und des Verdauungstraktes angezeigt. Das Pferd neigt bei Mangel verstärkt zu Schleimhautentzündungen. Es kommt zu wiederholt auftretender Bronchitis, die bis hin zur Lungenentzündung gehen kann. Die Dämpfigkeit (Zeichen einer sich ständig wiederholenden Entzündung der Bronchien und Lunge mit Veränderungen der Alveolen/Lungenbläschen) ist eine der schlechtesten Prognosen für das Pferd. Einsatzgebiet von Salz Nr. 4 ist die Phase, in der sich ein schwer löslicher Schleim absondert. Das Pferd hustet angestrengt, es kommt zu einem zähen, schleimigen, meist weißlichen oder weißgrauen Auswurf. Rasselgeräusche können beim Husten wahrgenommen werden. Das Pferd schwitzt vermehrt und ist nur wenig belastbar. Ein Anzeichen für ein solches Problem könnte schon gesteigertes Anhusten bei leichter lösender Arbeit sein. Dies kann sich dann zu verstärktem, angestrengtem Husten bei der Arbeit mit deutlichem Schwitzen entwickeln. Das Pferd wird jetzt seine Arbeit verweigern. Es darf auf keinen Fall belastet werden!

Eine entzündliche Beteiligung des Nasenraumes zeigt sich durch zähen, weiße bis graue Fäden ziehenden Nasenausfluss.

Im Maul können sich bei Mangel an Salz Nr. 4 Aphten und Bläschen bilden. Die Pferde sind dadurch bedingt zögerlich bei der Futterauf-

Pferde mit einem Mangel an Nr. 4 brauchen viel frische Luft.

nahme. Bindehautentzündungen sind häufig, auch Entzündungen der Ohren bis hin zu Hörproblemen kommen nicht selten vor.
Auffällig ist die Neigung zu Drüsenschwellungen. Lymphknoten am Hals zeigen sich als weiche Schwellungen.
Schwellungen, die durch Entzündungen im Bereich der Gelenke und Sehnen auftreten, sind ebenso ein Einsatzfeld für Nr. 4, wie Schleimbeutel- und Sehnenscheidenentzündungen. Besondere Beachtung finden also alle Einsatzgebiete bei entzündlichen Gelenk- und Sehnenbeschwerden, die mit Schwellungen einhergehen. Nicht zu verwechseln mit der Wasseransammlung (Ödem), bei der die Nr. 8 zum Einsatz kommen sollte.
Pferde, die häufig Gelenkbeschwerden haben, chronische Gelenkleiden mit deutlichen Schmerzen bei Bewegungen, die Muskelschwäche und neuralgische Schmerzen haben, sollten unbedingt über längere Zeit täglich 5–10 Tabletten der Nr. 4 erhalten. Besonders häufig können die Gelenkbeschwerden bei feuchtkaltem Wetter auftreten.
Gerade bei Überanstrengung der Sportpferde oder bei Verletzungen durch den sportlichen Einsatz an Gelenken, Sehnen und Bändern, die sich meist erst nach drei bis vier Tagen nach dem akuten Ereignis einstellen, ist die Nr. 4 in einer Dosierung von zweimal täglich 10 Tabletten über einen Zeitraum von mindestens zwei Wochen angezeigt.
Wichtiger Aspekt beim Salz Nr. 4 ist die Entgiftungs- und Entschlackungseigenschaft, denn vor allem chemische Gifte können durch dieses Salz gebunden werden. Es fördert die natürliche Wasserausscheidung und wirkt einer Übersäuerung im Organismus entgegen. Vor allem Fütterungsfehler können dadurch ausgeglichen werden. Vielfach wird dem Pferd durch die übermäßige und unsachgemäße Fütterung zu viel Eiweiß zugeführt, was sich auf seinen Organismus sehr nachteilig auswirkt. Schwellungen der Beine oder entzündliche Schwellungen im Gewebe sind die Folge.
Nach einer Narkose oder nach langer Behandlung mit starken Arzneimitteln führt der Einsatz von Salz Nr. 4 zur Entgiftung und Ausscheidung. Auch nach Impfungen ist die Nr. 4 sinnvoll, vor allem, wenn sich die Impfstelle entzündet hat. Auch einsetzbar bei entzündeten Insektenstichen.
Bei einem Mangel an Nr. 4 wird der Körper mit Faserstoffen überschüttet, die vom Organismus nicht verwertet werden können. Daraus resultierend kann auch die Haut in Mitleidenschaft gezogen werden. Es können sich kleinste Körnchen unter der Haut ablagern, ähnlich wie Mitesser, die sich ausdrücken lassen. Die Haut ist trocken mit schuppigen, schorfigen Stellen.
Hier ist Nr. 4 in einer Dosierung von zweimal täglich 5 Tabletten angezeigt. Auch bei Mauke und Pilzbefall der Haut hat sich die gleiche Dosis bewährt.
Man sollte nicht vergessen, die Salbe Nr. 4 zur äußerlichen Behandlung anzuwenden.
Die Magen- und Darmschleimhaut beteiligende Eigenschaft von Salz Nr. 4 kann bei Mangelzuständen auch hier zu Funktionseinschränkungen bzw. Erkrankungen führen. Dies zeigt sich dann meist in wässriger Darmentleerung (z. B. Kotwasser).

Psychische Aspekte

Die gewöhnlich liebenswerten, häufig eher übergewichtigen Tiere zeigen bei einem Mangel an Nr. 4 häufig einen untypischen überspannten, nervösen Zustand. Lektionen, die sonst problemlos klappten, werden plötzlich zum Problem und rufen Anspannung hervor. Es kommt zu völlig unvorhergesehenen Gefühlsreaktionen mit Buckeln, Steigen oder massivem Sattelzwang. Berührungsempfindlichkeit, Verweigerung des Trensengebisses oder der Annahme von Zügelhilfen sind ebenso möglich. In der Herde zeigen diese Pferde oftmals ein für sie sonst wenig typisches Gebaren, wie Wegjagen anderer Pferde oder ein völlig gegenteiliges Verhalten, indem sie sich intensiv um ein bestimmtes Pferd kümmern, es wegkehren und total von der Herde abschotten.

Manchmal beobachtet man bei alten Stuten, dass sie fremde Fohlen *adoptieren*. Die unberechtigten Muttergefühle können sie zu überspannten Reaktionen verleiten. Die richtige Mutterstute wird regelrecht weggebissen, das Fohlen abgeschottet und vor dem Zugriff seiner Mutter massiv verteidigt. Andererseits gibt es auch Mutterstuten, die ihr eigenes Fohlen abwehren und sich überhaupt nicht um ihr Kind kümmern wollen. Hier kann eine kurzzeitig erhöhte Zufuhr von Nr. 4 hilfreich sein.

Verbesserung: immer durch Wärme und Ruhe

Verschlimmerung: kalt-feuchte Wetterlage, Anstrengung

Äußeres Erscheinungsbild

Übergewichtiges, träges und immer hungriges Pferd. Es ist wenig bewegungsfreudig und arbeitet nicht gerne mit. Lässt sich ungern berühren.

4

Ein Mangel an Salz Nr. 4 kann dazu führen, dass Stuten sich nicht um ihr Fohlen kümmern, es sogar abwehren.

Erfahrungsberichte

Probleme mit Bronchien und Lunge

Das Pferd, um das es hier geht, ist ein siebenjähriger Hannoveraner-Wallach. Er ist eher kompakt, bis leicht übergewichtig, stets leistungsbereit und aktiv und wird in der Vielseitigkeit in höheren Klassen eingesetzt.

Vorgeschichte: Schon beim Einreiten, damals war es vierjährig, zeigte es manchmal unverständlicherweise überspannte Reaktionen, obwohl seine Ausbilder sehr behutsam und mit viel Geduld vorgingen. Es kam bei ihm häufig zu unkontrollierten Reaktionen. Der Wallach verspannte sich plötzlich, ohne erkennbaren Grund. Er buckelte und ließ sich manchmal nicht mehr satteln oder machte Probleme beim Anziehen des Sattelgurts. So wurde das Pferd für den Besitzer zu einem nicht immer berechenbaren Partner. Trotzdem war es für die Vielseitigkeit einsetzbar und in vielen Prüfungen platziert. Durch Unachtsamkeit einer Pferdepflegerin war es nach einem besonders warmen Turniertag enormer Zugluft ausgesetzt worden und hatte sich »erkältet«. Nach ein paar Tagen zeigten sich Schnupfen mit zähem Schleim und eine deutliche Drüsenschwellung am Hals. Die Drüsen waren zwar geschwollen, aber weich, der Schnupfen zäh-weißlich. Die Entzündung ging in kürzester Zeit auf die Bronchien über. Es entstand ein Husten mit weißlich-grauen Fäden ziehendem Auswurf. Das Pferd schwitzte sehr schnell und war zunächst wenig belastbar.

Eine veterinärmedizinische Behandlung mit Antibiotika und Cortison wurde eingeleitet, die den Zustand etwas milderte, jedoch dem Pferd keine deutliche Erleichterung brachte. In diesem Stadium erfolgte eine zusätzliche Behandlung mit Kalium chloratum D6. Zunächst wurden dem Pferd drei Tage lang fünfmal 10 Tabletten verabreicht und für die folgenden sechs Tage dreimal 10. Das Pferd zeigte zunächst einen Rückgang des Nasenausflusses, es konnte deutlich besser abhusten und die Schwellung der Drüsen ging leicht zurück. Es dauerte aber noch ca. zwei Wochen, bis der Husten besser wurde und mit dem Wallach wieder leicht gearbeitet werden konnte.

Es waren weitere zwei Wochen mit einer reduzierten Gabe von täglich dreimal 8–10 Tabletten nötig, bis der Husten verschwunden war und sich die Belastbarkeit des Pferdes besserte. Nach drei Monaten berichteten die Besitzer, dass sie zur Vorsicht die Gabe von täglich dreimal 5 Tabletten fortgesetzt hätten. Es fiel auf, dass sich das Pferd nicht mehr so leicht verspannte. Insgesamt hatten die panikartigen Reaktionen deutlich nachgelassen.

Nachwirkung einer Kastration

Bei diesem Pferd handelt es sich um einen vierjährigen Englischen-Vollblut-Hengst. Er kam 3-jährig in den Besitz seines jetzigen Reiters. Davor war der Hengst sehr erfolgreich auf der Rennbahn eingesetzt worden, wurde aber nach einem Sehnenschaden für den Rennsport unbrauchbar. Auf der Sehne zeigte sich ein so genannter »Bogen«. Bei deutlicher Belastung lief das Pferd unklar. Es ist eher hoch gewachsen und schlank. Zum Zeitpunkt der Untersuchung wirkte es leicht untergewichtig. Die Besitzer gingen sehr sorgfältig mit dem Hengst um, jedoch war sein Leben auf dem Hof alles andere als stressfrei. Der Hengst zeigte sich sehr unliebsam anderen Pferden gegenüber. In der Reithalle konnte er es nicht ertragen, hinter einem anderen Pferd herzugehen (obwohl der Reiter versuchte, sicheren Abstand zu anderen Pferden zu halten). Der Hengst trieb nach vorne, war kaum zu bremsen und konnte durchaus auch mal nach anderen Pferden schnappen. Die liebevollen Besitzer bekamen diesen dominanten Hengst kaum in den Griff. Sie entschlossen sich schweren Herzens, ihn kastrieren zu lassen. Die Kastration erfolgte im Sommer auf der Weide. Eine zunächst vom Tierarzt vorgenommene, auf das Gewicht des Hengstes abgestimmte Narkose, zeigte keine Wirkung. Es musste ihm fast die Dosis eines Kaltblüters verabreicht werden, um die Kastration ohne Probleme durchführen zu können. Die späte Kastration und hohe Dosis des Narkosemittels machten dem Pferd jedoch erheblich zu schaffen. Die Tage danach war er ungewöhnlich abgeschlagen, schien manchmal sogar richtig abwesend. Die Wunde verheilte komplikationslos, wobei sich aber immer wieder eine Schwellung um den Schlauch und eine leichte Wasseransammlung am hinteren Bauchteil zeigte.

Dadurch lief das Pferd eine ganze Zeit lang klamm. Der Tierarzt konnte aber keine richtige Entzündung ausmachen und riet zur Vorsicht zu einer Antibiotikatherapie, die dann auch über zehn Tage durchgeführt wurde. Die Schwellungen gingen nur mäßig zurück und zeigten sich je nach Belastung mal mehr oder weniger ausgeprägt. Die Besitzer berichteten, dass das Verhalten des Pferdes nach der Kastration gegenüber Artgenossen besser wurde, jedoch war es immer noch ein Einzelgänger. Ein Weidegang mit anderen Pferden war undenkbar. Er jagte bestimmte Pferde, kämpfte mit anderen Wallachen, gab nie nach und verausgabte sich bis zur Erschöpfung. Im Herbst nach der Kastration zeigte sich zunächst ein leichter zäher, weißlicher Nasenausfluss. Außerdem registrierte man ein leichtes Anhusten, das sich zum Winter etwas verschlimmert hatte.

Wir machten folgenden Therapievorschlag:

Zunächst stellten wir die typischen Mangelsymptome von dem Salz Nr. 4 fest – das Abwehren von Artgenossen, überspannte unvorhergesehene Gefühlsreaktionen, ein übermäßiger sportlicher Einsatz mit entsprechenden Schäden von Gelenken und Sehnen, einen Bogen auf der Sehne, Nasenausfluss und Husten. Das Pferd sollte über einen Zeitraum von vier bis sechs Wochen zweimal täglich 15 Tabletten erhalten.

Man bedenke, dass die Vollblüter im Rennsport sehr früh in den sportlichen Einsatz kommen. Bereits zweijährig werden sie für die Rennbahn trainiert und müssen sich dann

bis im Alter von vier Jahren im absoluten Spitzensport bewähren.
Bei diesem Wissen um den sehr frühen Einsatz im Sport sollte zusätzlich die Gabe von Nr. 2 erfolgen. In einer Dosierung von zweimal täglich 5–8 Tabletten. Die Kombination beider Salze wurde von uns favorisiert, da das Ausbildungssalz Nr. 2 neben anderen Aspekten auch als Entgiftungs- und Entschlackungsmittel eingesetzt werden kann. Die Nr. 4 soll nebenbei auch als Abschwellungs- und Entzündungsmittel der 2. Phase dienen. Als sinnvolle Ergänzung der Entgiftung und Entschlackung, aber auch im Hinblick auf die Vorbeugung gegen einen chronischen Krankheitsverlauf, kann noch die tägliche Gabe von zweimal 5 Tabletten von Salz Nr. 6 erfolgen. (Nr. 6 ist das dritte Entzündungsmittel – einsetzbar bei allen Erkrankungen, die dazu neigen, chronisch zu werden, sowie zur Leberunterstützung und Entgiftung.)

Nach vier Wochen strikter Einhaltung der Dosis von Nr. 4 und Nr. 2 sowie der zusätzlichen Gabe von Nr. 6 hatten sich Nasenausfluss und Husten verbessert. In dieser Zeit trat auch keine Schwellung mehr auf. Wir rieten daraufhin, die Dosis von Salz Nr. 4 auf dreimal 10 Tabletten täglich als Erhaltungsdosis zusätzlich zu den Nrn. 2 und 6 in gewohnter Dosierung über den ganzen Winter bis in das Frühjahr hinein durchzuführen.
In der Sommersaison ist der Vollblutwallach jetzt mit den anderen Pferden auf der Weide. Sein Gesamtzustand hat sich deutlich verbessert. Das Gewicht entspricht seiner Rasse, und das Pferd macht insgesamt einen deutlich zufriedeneren Eindruck. Außerdem zeigt es keine klammen Gänge mehr. (Der Bogen auf der Sehne ist zurückgegangen.) Mittlerweile sind Reiter und Pferd sehr erfolgreich in Dressurprüfungen.

Nr. 5
Kalium phosphoricum (D6)
Das Nerven- und Muskelmittel

Biochemie

- Wichtigstes Mineral im Zellinneren
- Unterstützt stoffwechselaktive Zellen
- Biochemisches Antiseptikum (Entgiftung)
- Zuständig für die hohe Fieberreaktion des Körpers
- Wichtiges Mittel bei allen körperlichen und geistigen Erschöpfungszuständen
- In der Rekonvaleszenz und zur Regeneration

Merke: ***Nerven- und Muskelmittel sowie Generalmittel bei allen psychischen und körperlichen Erschöpfungszuständen.***

Merkmale beim Pferd

Es ist in allen Gehirn-, Muskel-, Nerven- und Blutzellen, der Blutflüssigkeit (Plasma) und in der die Zellen umgebenden Flüssigkeit enthalten. Salz Nr. 5 bestimmt maßgeblich das Milieu im Inneren der Zelle und reguliert damit die Körperflüssigkeiten. Es sorgt für die Entgiftung, die Entschlackung und Ausscheidung von Schadstoffen (Antiseptikum).

Es ist an der Zellneubildung und am Gewebeaufbau beteiligt. Bei Pferden ist der Muskelstoffwechsel von großer Bedeutung, wobei hier die Nr. 5 die Muskeln stärkt und Muskelschwäche, Lähmung und Muskelschwund vorbeugt. Erhöhter Bedarf besteht bei Jungpferden, die angeritten und für den Sport vorbereitet werden, in Hinblick auf die Entwicklung und Stärkung der Muskulatur.

Gerade ältere Pferde, die im Sport eingesetzt wurden, leiden mit der Zeit an Muskelschwäche, die bis zu Muskelschwund führen kann. Um dem vorzubeugen, gibt man regelmäßig das Salz Nr. 5.

Bei Symptomen wie Knochen- und Wirbelschmerzen, bei Bänder- und Sehnenverkürzungen, bei Verhärtungen, Gelenkschmerzen, Neuralgien und Lähmungen ist die Nr. 5 immer sinnvoll.

Da es auch ein wichtiges Mittel bei Funktionsstörungen des Herzmuskels ist, kommt das Salz ebenso bei Herzrhythmusstörungen, Herzmuskelentzündungen oder allgemeiner Leistungsschwäche des Herzens zum Einsatz.

Die antiseptische Wirkung des Minerals hilft bei allen Verletzungen mit offenen Wunden, bei Verbrennungen und allen bakteriellen und viralen Infektionen (vorwiegend bei begleitend hohem Fieber). Fieber und Infektionen lösen im Körper durch die Aktivierung des Stoffwechsels einen Mangel an Kalium

Pferde, denen das Salz Nr. 5 fehlt, sind häufig überaktiv, nervös und reizbar.

phosphoricum aus, der ausgeglichen werden soll mit einer zunächst höheren Dosis Nr. 5 von dreimal 10–15 Tabletten für mindestens zehn Tage. Bei Abklingen der Symptome ist es sinnvoll, eine weiterführende Dosiszufuhr von dreimal täglich 5–8 Tabletten über einige Wochen zu garantieren.
Die antiseptische Wirkung von Salz Nr. 5 zeigt sich auch durch die Fähigkeit, Verbindungen mit schädlichen Stoffen einzugehen und diese auszuscheiden. Dies zeigt sich manchmal durch faulige, übel riechende Absonderungen und Ausdünstungen. Die Heilung von Wunden, die einen übel riechenden Geruch haben, Fisteln oder Furunkeln kann durch Gabe von Nr. 5 günstig beeinflusst werden. Ebenso Entzündungen an den Zähnen und dem Zahnfleisch mit starker Geruchsbildung.
Große Bedeutung hat die ausreichende Gabe von Nr. 5 auch bei trächtigen Stuten und Stuten, die gerade gefohlt haben. Zum einen kann es zu der gefürchteten Geburtsrehe kommen, die durch die Verbreitung von Zerfallsgiften von Nachgeburtsteilen oder Sekreten über den Blutkreislauf auftritt. Sie führt zu sehr schmerzhaften entzündlichen Veränderungen der Huflederhaut und letztendlich zur Deformation der Hufe. Fütterungsfehler durch zu viel Eiweiß im Kraftfutter verstärken dieses Problem.
Zum anderen benötigt die tragende Stute für die Neubildung der Zellen des Fötus unbedingt Kalium phosphoricum. Außerdem können Stuten bei Mangel mit Entzündungen der Vagina reagieren. Das Salz sollte auch nach der Geburt zur Rekonvaleszenz eingesetzt werden.

Kombination: Das Salz Nr. 8 (Kalium chloratum) unterstützt zusammen mit dem Salz Nr. 5 den Organismus beim Abbau von Giften, die bei einer übermäßigen Entzündung entstehen. Diese Fäulnis- und Ermüdungsgifte werden durch die Nr. 5 abgebaut, d.h. dem Gewebszerfall wird entgegengewirkt. Das Salz Nr. 8 hingegen unterstützt entscheidend den Wiederaufbau.
Bei sehr hohem Fieber kann die Kombination mit dem Salz Nr. 2 (Calcium Phosphoricum) sehr hilfereich sein. Dabei kann die entgiftende Wirkung von Nr. 2 die von Nr. 5 erheblich unterstützen. Sollte hohes Fieber auftreten, ist ein Mix aus den Salzen Nr. 5 und 2 sinnvoll.
Kalium phosphoricum ist das Nervensalz, da es eine ganz besondere Beziehung zum zentralen und vegetativen Nervensystem hat. Nicht von ungefähr kommt der Spruch: Kalium statt Valium.

Psychische Aspekte

Das Salz Nr. 5 ist das Mittel der Wahl bei Nervosität und Konzentrationsmangel. Pferde, denen dieses Salz fehlt, sind überaktiv, nervös und reizbar. Sie sind übertrieben schreckhaft, oft angespannt mit auffällig panikartigen Reaktionen.
Diese Pferde sind extrem schwer händelbar und zeigen häufig Probleme beim Verladenwerden. Wenn man sie dann mühsam auf dem Hänger hat, zeigen sie massive Angst.
Alle einengenden Situationen, wie z. B. Eindecken oder Satteln können von ihnen mit panischen, aggressiven Reaktionen quittiert werden. Das Einreiten gestaltet sich bei diesen Pferden äußerst schwierig und kann zu

gefährlichen Situationen für Reiter und Pferd führen.

Im Turniersport reagieren die sonst erfahrenen Pferde plötzlich mit panischen, fluchtartigen Verhaltensweisen auf Fahnenwehen, Applaus oder farbige Dekorationen am Viereck und an den Sprüngen. Stressfreies Reiten ist kaum möglich.

Die Pferde zittern, sind verkrampft, zeigen keinen Schritt. Ihre Nervosität demonstrieren sie auch durch Prusten. Sie stehen mit weit aufgerissenen Augen da, wobei das Weiße im Auge überdeutlich erkennbar wird. Ihr Schweif ist extrem unruhig, das ganze Pferd äußerst angespannt und unkonzentriert.

Manchmal stellt man aber auch nur fest, dass das sonst eher ausgeglichene Pferd plötzlich in der täglichen Arbeit nicht mehr konzentriert mitmacht. Es will zum Beispiel nicht mehr in eine bestimmte Ecke, erschrickt sich, will nicht an der offenen Seite der Bande vorbei oder zeigt andere Widersetzlichkeiten.

In der Herde sondert sich das Tier ab, frisst unruhig, fühlt sich von herannahenden Artgenossen bedrängt. Häufig wird es sogar durch die bloße Anwesenheit anderer Tiere überfordert.

Die belastende Situation lässt das Pferd kaum an Gewicht zunehmen – bzw. stets abgemagert aussehen. Strafmaßnahmen gegen das ungebührliche Verhalten des Tieres werden von ihm mit noch größerem Ungehorsam und extremer Gegenwehr quittiert. So schrauben sich Stresssituationen immer mehr hoch, was letztlich dazu führt, dass auf beiden Seiten die Nerven blank liegen. Kämpfe mit diesen Pferden sind zwecklos. Hier hat sich die hoch dosierte Gabe von Nr. 5 über einen angemessenen Zeitraum bewährt. Sinnvoll erscheint die Gabe über mindestens vier Wochen. Die Dauer der Behandlung hängt letztlich aber vom Pferd ab. Es kann hier sinnvoll sein, dem Pferd täglich 10–20 Tabletten, aufgelöst in Wasser und per Spritze direkt ins Maul, zu verabreichen.

Interessant ist die Wirkung von Nr. 5 bei »nervigen Turnierpferden«. Die Pferde, die meist schon am frühen Morgen des Turniertages merken, dass es zur Prüfung geht, entsprechend unruhig sind, sich nur schwer verladen lassen, im Hänger bereits schwitzen, auf dem Abreiteplatz zwar noch einigermaßen mitmachen, in der Prüfung aber jedes Mal »Nerven zeigen«, sprechen auf die konsequente Gabe von Nr. 5 sehr gut an. (Zwei Tage vor dem Turnier kann die Dosis auf dreimal 10 Tabletten erhöht werden, am Tag des Turniers morgens 20 Tabletten, mittags 10 und abends noch einmal 20.)

Verschlechterung: bei psychischer Belastung (Turnierstress), bei übermäßiger Bewegung, Kälte

Verbesserung: durch Ruhe und Wärme

Äußeres Erscheinungsbild

Sehr empfindliches, leicht untergewichtiges, schwaches Pferd. Es scheint übernervös bis hysterisch.

Junge Tiere können Entwicklungsstörungen aufweisen sowie auch geistige Schwächen zeigen. Konzentrationsprobleme.

Erfahrungsbericht

Massiver Durchfall

Eine zehnjährige Oldenburger-Fuchsstute reagierte nach Verabreichung einer Wurmkur mit erheblichem Durchfall, der sich über mehrere Tage hinzog. Besonders auffällig erschien die Reaktion der Muskulatur. Das Tier verlor innerhalb von wenigen Tagen deutlich an Muskelmasse. Es verweigerte komplett die Aufnahme der täglichen Futterration. Der anhaltende Durchfall roch stark faulig und das Pferd bekam Fieber. Die Besitzerin beschrieb ihr Pferd in dem damaligen Zustand als total schlapp, hinfällig und äußerst ängstlich. Der Tierarzt konnte keine konkrete Diagnose stellen, riet zunächst ein paar Tage abzuwarten und gegebenenfalls eine Elektrolyt-Infusions-Therapie durchzuführen, wenn es weiterhin zu einem Wasserverlust über den Darm kommen würde.

Beruhigend war für die Besitzerin, dass ihr Pferd offensichtlich viel Wasser trank, obwohl es nach wie vor jedes Futter verweigerte.

Nach einigen Tagen ging der Durchfall zurück, aber das Pferd war trotzdem nicht mehr belastbar. Die zunächst auf Turnieren sehr verlässliche und relativ nervenstarke Stute entwickelte sich immer mehr zu einem Risikopferd. Nicht nur, dass sie plötzlich Schwierigkeiten machte, auf den Hänger zu gehen, es ging so weit, dass die geringsten Ereignisse auf dem Turnierplatz bei dem Pferd eine panische Reaktion hervorrufen konnten. Die Stute war nervös im Viereck, zeigte nur wenig Schritt, trippelte und erschreckte sich vor jedem Blumentopf. Applaus oder Fahnenwehen lösten bei ihr extreme Angstreaktionen aus. Eine Prüfung konnte durchaus mit fluchtartigem Verlassen des Vierecks beendet werden. Mittlerweile war auch die Reiterin total gestresst. Die Stute war trotz des sportlichen Einsatzes nur mäßig bemuskelt und erschien recht schlank. Die Muskulatur im Rücken war total verhärtet. Bei Druck ging das Pferd vor Schmerzen »in die Knie«. Sie war nicht nur ängstlich, sondern deutlich gereizt und versuchte, während der körperlichen Untersuchung, zu beißen und zu treten. Die Besitzerin berichtete auf Nachfragen, dass das Pferd vor allem während der Rosse, sehr gereizt, widersetzlich und manchmal sogar aggressiv reagieren konnte. Deutliches Treten nach Schenkel oder Sporen im Training waren in dieser Zeit sehr auffällig. Auch auf der Weide sonderte sich die Stute ab und nahm sich kaum Zeit zum Fressen. Beim Hereinholen von der Weide verletzte sich die Stute durch ihr panisches »Zur-Seite-Springen« am Bein. Diese kleine Wunde an der Fessel sonderte ein faulig riechendes Sekret ab und wollte laut Besitzerin nicht heilen.

Diese Symptome deuten in der Hauptsache auf einen deutlichen Mangel an Nr. 5 hin. Es wurde zunächst die Aufnahme einer hohen Dosis von Salz Nr. 5 in zeitlich kurzen Abständen empfohlen: fünfmal täglich 10 Tabletten über einen Zeitraum von einer Woche, anschließend über drei Wochen dreimal 10 und dann weitere vier Wochen dreimal 5–8 Tabletten. Zusätzlich wurde eine Entgiftungskur mit den Nrn. 4, 6 und 9 angeregt (siehe Entgiftung und Entschlackung beim Pferd). Von dieser Mischung wurden zweimal täglich 5 Tabletten ebenfalls über den gesamten Behandlungszeitraum mit der Nr. 5 verabreicht.

Nach zwei Monaten berichtete die Besitzerin, dass sich das Nervenkostüm ihres Pferdes stark verbessert hatte und die Wunde am Bein fast abgeheilt war. Die Stute baute wieder Muskulatur auf und ein Turnierstart wurde auch wieder in Erwägung gezogen.

Nach einem halben Jahr war eine »normale« Turnierteilnahme wieder möglich. Die Besitzerin gab zu, dass sie mittlerweile auch selbst mit der Einnahme von Salz Nr. 5 begonnen hatte und sich bei Prüfungen deutlich entspannter fühle. Hier zeigt sich, dass sowohl für das Pferd als auch für den Reiter die Einnahme des Schüßler-Salz Nr. 5 sehr hilfreich sein kann.

Unter anderem kann Salz Nr. 5 bei Turnierpferden, die »Nerven zeigen«, sinnvoll sein.

Nr. 6
Kalium sulfuricum (D6)
Das Haut- und Fellmittel

Auch als Mittel der 3. Entzündungsphase bekannt

Biochemie

- Unterstützt die Sauerstoffverwertung und die Sauerstoffübermittlung in die Zelle für den Zellstoffwechsel
- Hilft bei zellulären Ausscheidungs- und Entgiftungsvorgängen
- Unterstütz den Abtransport von Schlackenstoffen
- Leber unterstützend (wichtiges Lebermittel)
- Betriebsstoff der Bauchspeicheldrüse und damit wichtig für die Produktion von Insulin
- Pigmentierung der Haut
- Bei verzögerter Ausheilung von Krankheiten

Merke: ***Bei allen Haut- und Fellerkrankungen sowie Krankheiten, die dazu neigen, chronisch zu werden. Es ist ein zentrales Mittel der 3. Phase von Infektionskrankheiten (Wiederherstellungsphase).***

Der schwefelhaltige Anteil dieses Minerals spielt besonders in den oberen Schichten der Haut und in den Schleimhäuten, für die Haare und das Hufhorn eine zentrale Rolle. Vor allem zeigen sich bei Mangel verstärkt Hautreaktionen, insbesondere mit chronisch-entzündlicher Verlaufsform, eitrigen Entzündungen, Geschwüren und/oder Abszessen. Die Entzündungen der Haut können sich auch als Hautschuppungen, oft auf klebrigem Untergrund zeigen. Bei allen Hautproblemen sollte man immer an eine ausreichende Zufuhr von Salz Nr. 6 denken.

Pferde mit Mangel an Nr. 6 suchen auf der Weide gezielt nach Kräutern.

Bei Schimmeln ist die Haut sehr sensibel und anfällig. Bei ihnen ist eine verstärkte Neigung zu Allergien der Haut und damit verbundenen Hautentzündungen zu beobachten. Im Sommer können Ekzeme mit starkem Juckreiz auftreten. Die Haut ist dabei zunächst schuppig und die Pferde scheuern sich Fell, Schweif und Mähne. Es treten dann meist eitrig klebrige Absonderungen auf. Die aufgescheuerte Haut heilt schlecht. Häufig ist das Gewebe um die Hautdefekte gerötet und geschwollen.

Außerdem können Pferde bei Mangel an Nr. 6 Pigmentstörungen mit Fleckenbildung, hell und dunkel, sowie Farbveränderungen an Haut und Fell aufweisen.

Zusätzlich besteht eine erhöhte Neigung zu Warzen.

Das Salz Nr. 6 wird eingesetzt bei chronischen Erkrankungen, besonders auch bei Haut- und Fellproblemen.

Auch Augenkrankheiten und Heilungsverzögerung bei Verletzungen am Auge des Pferdes sind Einsatzgebiete der Nr. 6. Vor allem kann die Gabe von diesem Salz den Heilungsprozess der gefürchteten periodischen Augenentzündung maßgeblich unterstützen.

Bei einem Mangel an Nr. 6 haben die Pferde häufig »Schnupfen« mit übel riechendem Nasenausfluss. Sie neigen zu chronischer Stirn- und Kieferhöhlenentzündung.

Entzündungen der gesamten Atemwege kommen hinzu. Meist entwickelt sich ein Husten, der typischerweise hauptsächlich abends und in der Nacht auftritt. Der Husten verstärkt sich vor allem, wenn das Pferd in den Stall kommt.

Lang anhaltende, entzündliche Veränderungen der Bronchien sind durch schleimige, oft gelbliche oder ockerfarbige Absonderungen gekennzeichnet, begleitet häufig von starkem Schleimrasseln über den Bronchien.

Asthmatische Zeichen wie starkes Lufteinziehen und Aufblähen der Nüstern können die Folge einer chronischen Atemwegserkrankung sein. Sie können aber auch das Stadium von Asthma und Dämpfigkeit kennzeichnen. Durch den Bezug von Kalium sulfuricum zu den Schleimhäuten ist der Einsatz von Salz Nr. 6 hier besonders wichtig. Außerdem wird durch die Nr. 6 die Leber in ihrer entgiftenden Funktion unterstützt und die Sauerstoffverwertung für den Zellstoffwechsel positiv beeinflusst.

Das kommt zusätzlich den Gelenken der Pferde zugute, vor allem, wenn sich rheumatische Gelenkbeschwerden oder Steifheit nach Kältebelastung und Durchnässung zeigen. Die Pferde, die z. B. nach getaner Arbeit im Winter nass in den Stall gebracht werden, nicht eingedeckt und möglicherweise noch in Zugluft stehen, zeigen daraufhin eine erhebliche Steifheit in ihren Bewegungen, lassen sich nur schwer biegen und haben Schmerzen im Lenden- und Kreuzbereich. Beim Longieren fallen vor allem ihr ungleichmäßiger Schritt und Trab auf. Die Pferde verweigern das Angaloppieren, ihr Galopp ist staksig, nicht rund und sie fallen auf die Vorhand. Erst nach längerer Arbeit verbessert sich der Zustand, da die Muskulatur nach und nach durch die Bewegung besser durchblutet wird.

Wenn mit ihnen bei ungewöhnlich starker Hitze gearbeitet wird, wirken sie steif und es lassen sich »klamme Grundgangarten« erkennen. Manchmal treten bei ihnen auch bei ganz normalem Klima und normaler Arbeit die Symptome von Muskelkater auf.

Dies zeigt deutlich, dass die Entgiftungs- und Stoffwechselabfallprodukte nicht ausreichend verwertet und abtransportiert wurden.

Die besondere Wirkung auf die Bauchspeicheldrüse und damit auf die Zuckersynthese

führt bei Mangel an Nr. 6 beim Pferd zu Leistungseinschränkungen. So zeigen sich diese Pferde ungewöhnlich träge und »schlapp«, obwohl sie eher gut im Futter stehen und auch gut fressen.
Alle Infektionskrankheiten oder lang anhaltende, in der Heilung verzögerte bis chronische Erkrankungen stellen ein wichtiges Anwendungsgebiet für das Salz Nr. 6 dar. Hierbei ist von entscheidender Bedeutung, dass das Salz Nr. 6 über eine sehr lange Zeit in höheren Dosen (dreimal 8–10 Tabletten täglich) verabreicht wird. Krankheiten und Beschwerden, die schon lange bestehen, also schon als chronisch bezeichnet werden können, müssen über einen langen Zeitraum behandelt werden. Hier braucht man viel Geduld. Mitunter kann es sinnvoll sein, dieses Salz über ein Jahr hinaus konsequent zu verabreichen.

Psychische Aspekte

Die Nr. 6 ist das Entzündungsmittel der dritten und damit chronischen Phase. Da ein Entzündungsvorgang bis dahin schon lange bis sehr lange bestanden hat und der Organismus des Pferdes bereits deutlich geschwächt wurde, ist die Reizschwelle bei solchen Tieren sehr niedrig. Man stelle sich einmal vor, selbst über lange Zeit krank gewesen zu sein. Auch wenn uns das niemand direkt angesehen hat, so ist es doch für uns selbst unverständlich, dass uns jemand mehr oder weniger hohe körperliche Leistung abfordert. So ähnlich muss man sich den Zustand des Pferdes vorstellen, bei dem ein deutliches Defizit an Nr. 6 besteht, wenn wir auf fortführende Leistung des Pferdes bestehen. Es wäre jetzt äußerst ungerecht, auch bei Unkenntnis um den Zustand des Pferdes, dieses durch Einsatz von Gerte und Sporen zu vermehrter Arbeit aufzufordern. Das Pferd wird hierdurch nur gereizt, reagiert widerwillig und aggressiv. Ohne Antrieb, schlapp und müde steht es in seiner Box und wird zunehmend sensibler und ängstlicher. Zu seinen Artgenossen geht das Pferd auf Abstand und wird unruhig, sobald sich ihm ein anderes Pferd nähert. Ein gemeinsames Verladenwerden mit einem Artgenossen ist dadurch fast ausgeschlossen. Versucht man es dennoch, führt das meist zu Panikattacken, Platzangst und zu einer Hängerphobie!

Verschlechterung: Symptome verschlechtern sich gegen Abend und in einem unzureichend belüfteten, warmen Stall
Verbesserung: Pferde brauchen viel Luft, angenehme Temperaturen, keine Hitze, können trockene Kälte gut vertragen

Äußere Erscheinung

Meist übergewichtiges Tier (bei starker Leberbelastung auch abgemagert und schwächlich), mit gutem Appetit. Es liebt den Aufenthalt im Freien.

Erfahrungsberichte

Verladeprobleme

Der »Patient« ist ein 12-jähriger Hannoveraner-Wallach. Die Besitzerin berichtet, dass sich das Pferd seit einem Klinikaufenthalt nicht mehr verladen lässt. Alle Anstrengungen waren bisher vergebens, weder klappte es mit einer harten Gangart, noch mit Liebe und Geduld. Vor Jahren hatte das Pferd keinerlei Problem damit. Die Besitzerin hatte ihn sogar mit in den Urlaub nehmen können. Nach und nach traten auch immer häufiger Probleme mit anderen Pferden auf.

Ist er in der Stallgasse angebunden, lässt er kein anderes Pferd mehr freiwillig an sich vorbeigehen. Kommen ihm dabei die vorbeigehenden Pferde sehr nah, reagiert er ängstlich und panisch.

Ein Aufenthalt in der Pferdeklinik wurde notwendig, da der Wallach ohne erkennbaren Grund über Monate immer wieder leicht fieberte. Aufgefallen war dieses Fieber nur, weil er nach der Arbeit einen ungewöhnlich schlappen, müden und abgeschlagenen Eindruck machte. Manchmal ließ er einen Großteil seiner Futterration im Trog und nahm auch nur widerwillig sein Raufutter auf. Beim Weidegang fraß er jedoch normal. Die Besitzerin überraschte, dass ihr Pferd dabei sogar Löwenzahn nicht verschmähte. Im Sommer verbrachten Pferd und Besitzerin einen Urlaub in der Lüneburger Heide, der in eine sehr heiße Zeit fiel. Dem Pferd machte dies sehr zu schaffen und es kam wieder zu der bekannten Temperaturerhöhung und Futterverweigerung mit Gewichtsverlust. Zur endgültigen Abklärung dieses Zustandes brachte die Besitzerin das Pferd erneut in eine Klinik, wo anhand einer Blutuntersuchung jetzt erhöhte Leber- und Entzündungswerte festgestellt wurden. Alle anderen Untersuchungen waren ohne Befund und es fand sich keine Erklärung für den Zustand des Pferdes. So vereinbarte man, nachdem man verschiedene Lebertherapeutika ausprobiert hatte, abzuwarten, wie sich der weitere Verlauf darstellen würde. Das Verladen des Pferdes in der Klinik war eine Katastrophe. Der Tierarzt musste das Pferd leicht sedieren, damit die Besitzerin es auf den Hänger bekam. Die Fahrt nach Hause gestaltete sich nicht weniger schrecklich, denn das Pferd randalierte regelrecht auf dem Hänger und raste beim Abladen völlig kopflos rückwärts. Sowohl das Pferd als auch die Reiterin waren danach total mit den Nerven am Ende.

Nach dieser Schilderung gingen wir von einer versteckten, schon älteren entzündlichen Erkrankung aus. Möglicherweise handelte es sich auch um eine verdeckte Leberentzündung, die bereits längere Zeit vorlag und mittlerweile in eine chronische Verlaufsform übergegangen war. Da eine gründliche Untersuchung in der Tierklinik vorgenommen wurde und eine Tumorerkrankung sowie eine akute Infektion seitens der Veterinäre ausgeschlossen wurden, entschieden wir uns für eine hoch dosierte Gabe von Schüßler-Salz Nr. 6.

Wir empfahlen eine Dosis von täglich dreimal 15 Tabletten über mindestens 3 Wochen. Anschließend sollte das Pferd eine Mischung aus den Nrn. 5, 9 und 10 (siehe auch spezielles Salzbild) bekommen. Es wurde angeraten, ihm davon zweimal täglich 10 Tabletten zu verabreichen. Zu dieser Mischung wurden dem Pferd weiter zweimal täglich 10 Tabletten der Nr. 6 gegeben. Es ist bei chronischen Beschwerdebildern sinnvoll, die Schüßler-Salze unbedingt über einen langen Zeitraum (mindestens 6–12 Monate) zu verabreichen.

Chronische Eiterung nach Verletzung

Der achtjährige Westfalen-Wallach kam fünfjährig als Dressurpferd in den Besitz der Reiterin. Das Pferd wurde von einem Profi in relativ kurzer Zeit in der Dressur bis Klasse L/M ausgebildet. Der Reiterin fiel es nicht leicht, das Pferd nachzureiten. Sie bemerkte eine gewisse Steifheit und versuchte, diese durch lockeres Springtraining zu lösen. Schon nach wenigen Tagen Springtraining war die Sehne eines Vorderbeines empfindlich und ein ganz leichter Bogen tastbar. Das Pferd zeigte jedoch bis dahin keinerlei Lahmheit.

Zur Behandlung der Sehne wurde die tägliche Verwendung der Salben Nr. 1, 4 und 9 empfohlen. Die Reiterin sollte morgens und abends einen Salbenverband unter wechselnder Verwendung der angegebenen Schüßler-Salben machen. (Manchmal kann es aber auch sinnvoll sein, eine Salbenmischung herzustellen und diese dann auf die zu behandelnden Stellen aufzutragen.)

Als Schüßler-Salz wurde die Nr. 2 empfohlen (zweimal täglich 20 Tabletten für 3 Wochen, dann zweimal täglich 10) und zusätzlich die Nrn. 6, 9 und 11 – je zweimal täglich fünf Tabletten. Es wurde zudem eine Magnetfeldtherapie vorgenommen und vom Hufschmied zur Entlastung der Sehne ein spezieller Beschlag angebracht.

Zunächst wurde das Pferd etwas geschont. Nach und nach steigerte man die Belastung wieder durch leichte Longenarbeit. Dabei zeigte es sich viel lockerer im Rücken, und es bot sich an, wieder mit ihm dressurmäßig zu arbeiten.

Der Wallach zeigte sich kooperativ und willig und die Sehnen-Probleme gingen deutlich zurück. Eine über diesen Zeitraum hinaus beibehaltene Dosis von einmal täglich drei bis vier Tabletten der Salze Nr. 6, 9 und 11 wurde von der Besitzerin in Eigenregie fortgeführt.

Nun passierte es, dass der Wallach während des Beschlagens von einem ungeduldigen Schmied auf die Kruppe geschlagen wurde. Dabei stieg er und schlug mit dem Kopf an einen Eisenträger. Er verletzte sich so sehr, dass man ein ca. 3 cm großes Loch unmittelbar über dem Nasenbein bis zur Stirn erkennen konnte. Der betroffene Knochenbereich war gesplittert.

Da sich dort relativ wenige Blutgefäße befinden, kam es nur zu einer geringen Blutung. An dieser Stelle ist es unmöglich, die gerissene Haut zu vernähen, die Stelle zu schienen oder zu gipsen. Der herbeigerufene Tierarzt desinfizierte vorsichtig den Bereich um die Knochen- und Hautverletzung und empfahl, zunächst einmal abzuwarten. Das Loch heilte innerhalb von zwei Wochen ab, und das Reittraining wurde wieder aufgenommen.

Ungefähr vier bis sechs Wochen nach dem Unfall und schon während der ersten Trainingsphase bemerkte die Reiterin beim Aufzäumen einen unappetitlichen Geruch, konnte diesen aber nicht direkt lokalisieren. Nach ca. 30 Minuten Training schnaubte das Pferd kräftig ab und es kam ein gelblich ockerfarbener Schleim aus der Nase. Erst jetzt war klar, woher der Geruch kam. Diesen unangenehm riechenden Nasenausfluss hatte das Pferd nicht ständig, sondern nur bei Belastung. Der behandelnde Tierarzt stellte fest, dass das Loch im Schädel des Tieres nicht komplett zugeheilt war, sondern es befand sich noch eine kleine Öffnung in der Oberfläche mit den bereits nachgewachsenen Haaren. In dieses Loch waren Bakterien eingedrungen, konnten sich dort explosionsartig vermehren und eine massive Entzündung auslösen. Dies führte schließlich dazu, dass die Eiterbildung einen solchen Druck erzeugte, dass dadurch ein kleiner Zugang zur Nasennebenhöhle eröffnet wurde, durch den der Eiter abfließen konnte.

Von dem Zeitpunkt der Diagnose an wurde die Stelle mit einer Kochsalzlösung gespült und eine massive Menge des eitrig gelben bis ockerfarbenen Sekrets ergoss sich aus dem Nasenflügel. Die Besitzerin wurde angeleitet, das Loch täglich mehrmals auszuspülen, was angesichts des sich immer heftiger wehrenden Tieres nur mit größter Schwierigkeit möglich war.

Das Pferd sollte zu diesem Zeitpunkt nun mit Schüßler-Salzen unterstützt werden. Wir rieten umgehend zu einem hoch dosierten Einsatz von Salz Nr. 6, fünfmal täglich 10–15 Tabletten.

Die Spülung sollte unter Beimischung von aufgelösten Tabletten der Nr. 6 durchgeführt werden. (Spülung: In etwa 300 ml abgekochtem, lauwarmem Wasser etwa 15 Tabletten auflösen und in eine nadellose Spritze aufziehen.) Diese Behandlung sollte über mindestens drei Wochen in dieser Dosierung erfolgen und eine Weiterbehandlung mit dreimal täglich 10 Tabletten weitere vier Wochen fortgesetzt werden.

Während dieser Behandlung wurde schon nach einiger Zeit eine Veränderung der Farbe des Sekretes von ockergelb ins Weißliche beobachtet sowie eine deutliche Reduzierung der Sekretmenge.

Die Besitzerin verabreichte darüber hinaus noch etwa sechs Wochen eine Dosis von dreimal 8 Tabletten der Nr. 6 und berichtete dann, dass die Sekretion komplett zurückgegangen sei. Die Spülung war bereits nach vier Wochen nicht mehr nötig, trotzdem wurde die Mineralgabe noch über ein halbes Jahr in reduzierter (zweimal 5 Tabletten) Form weitergeführt.

Nr. 7
Magnesium phosphoricum (D6)
Das Krampf- und Schmerzmittel

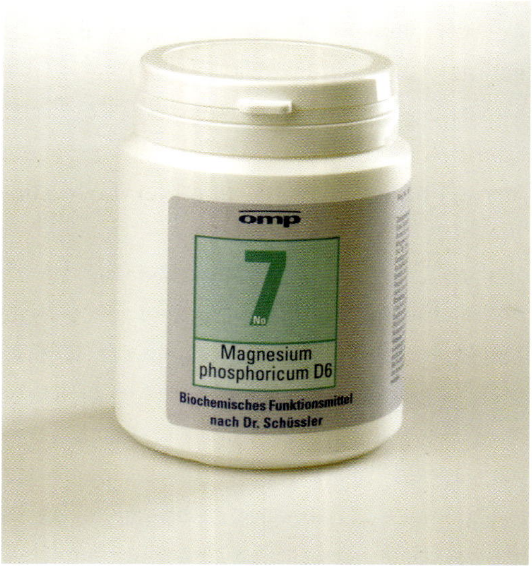

Schüßler-Salz Nr. 7, Magnesium phosphoricum.

Biochemie

- Betriebsmittel für unwillkürliche Muskeltätigkeit (der Drüsen, Nerven, peristaltische Tätigkeiten des Darms, Magen, Herzmuskel, Kreislauf)
- Hauptmittel bei allen Krampf- und Schmerzzuständen (homöopathisches Aspirin)
- Sorgt für ausgewogenen Tag-Nachtrhythmus
- Mit der wichtigste Basen bildende Mineralstoff

Merke: ***Krampf- und Schmerzmittel. Es wirkt der Übersäuerung des Organismus entgegen.***

Magnesium beruhigt das vegetative Nervensystem und hat daher auf alle unwillkürlichen Tätigkeiten im Organismus wie Drüsenfunktion, Herz-Kreislauf-System, die Verdauungsorgane und den Stoffwechsel einen großen Einfluss. Durch das Mineral wird die Reizleitung zwischen Nerv und Muskel gesteuert und über die Drüsenfunktion der innere Erregungszustand beeinflusst (z.B. über die Schilddrüse).

So hat das Salz Nr. 7 auch Einfluss auf den Grundumsatz des Organismus und damit auf den Cholesteringehalt des Blutes sowie auf den Rhythmus des Herzens und damit auf die Blutversorgung des Körpers.

Ein Mangel zeigt sich durch:

- Krämpfe, Zuckungen, Kribbeln, Zittern und starken Juckreiz
- Unruhe und deutliche Nervosität
- Überreaktionen bis hin zur Hysterie

Besonders wichtig ist der Einfluss des Salzes auf die sehr empfindlichen Verdauungsorgane der Pferde, hier explizit auf den Darm.

Da Magnesium die Darmperistaltik, also das rhythmische Zusammenziehen des Darmes zur Vorwärtsbewegung des Darminhaltes, beeinflusst, ist es ein wichtiges Salz bei auftretenden Koliken, Krämpfen und Blähungen. Man denke hier an die Überfütterungskoliken, vor allem Wind- und Krampfkoliken oder Anhäufungskoliken.

Da die Nr. 7 auch der Übersäuerung im Gewebe entgegenwirkt, ist bei allen chronischen Erkrankungen, die oft auf der Grundlage der Übersäuerung entstehen, die Gabe von diesem Salz sinnvoll. Zum Beispiel schmerzhafte Muskelverkrampfungen des Pferds oder plötzliche Steifheiten, die beide sehr schmerzhaft für das Pferd sein können, sowie Muskel-, Gelenk- und Nervenentzündungen.

Aufgrund des Einflusses von Magnesium auch auf die Muskulatur von Blase und Gebärmutter ist zudem bei Blasenkoliken, unwillkürlichem Harnabgang oder Harnverhalten der Einsatz von Nr. 7 sinnvoll.

Stuten, vor allem tragende oder kurz vor der Geburt stehende, haben einen erhöhten Bedarf an Magnesium.

Die Oberflächenspannung der Haut wird durch die Nr. 7 abgemildert. Dieses Salz ist daher ein sinnvolles Mittel bei starkem Hautjucken. Die Pferde scheuern sich an allen Ecken und Kanten im Stall und auf der Weide, bis die Haut blutet, selbst die Hinterbeine werden zum Kratzen benutzt. Schweif und Mähne sind zum Teil vollständig abgeschabt. Neben der differenzierten Gabe des Mineralsalzes zur Ursachenbekämpfung (siehe dazu Salzbeschreibung Nr. 3) sollte als Zugabe das Juckreiz lindernde Salz Nr. 7 verabreicht werden.

Wie schon bereits beschrieben, wirkt das Salz beruhigend bei Erregungszuständen. Gerade bei Pferden zeigen sich typische Verhaltensstörungen bei Mangel an Nr. 7 wie z. B. Koppen, Weben, Gitterbeißen, Schlagen gegen die Boxenwand, exzessives Scharren usw.

Merke: ***Bei allen psychischen Störungen hat sich die Kombination der Salze Nr. 7 und 5 bewährt.***

Psychische Aspekte

Bei Schmerzzuständen zeigt das Pferd eine ungewöhnlich starke Anspannung, die bis hin zu hysterischen Verhaltensweisen gehen kann. Außerdem reagiert es hoch sensibel auf Berührung und zeigt uns, dass es bei starken Schmerzen Angst und Panik hat.

Grundsätzlich hilft das Salz Nr. 7 allen Pferden mit gesteigerter Schmerzempfindlichkeit und Neigung zu Krämpfen.

Ein Mangel an Nr. 7 zeigt sich im Allgemeinen durch Unruhe. Die Pferde bringen, ihre Box durcheinander, laufen hin und her, scheuern und reiben sich, wo immer es geht (es muss hier übrigens keine allergische Reaktion zugrunde liegen) und sind insgesamt nervig. Sie verkrampfen sich schnell im Rücken, sind bei der Arbeit meist einen Schritt voraus, zeigen Unsicherheiten bei allen neuen Anforderungen und haben meist Angst, etwas falsch zu machen. Man denke hier an das Pferd, das in der Prüfung immer nach vorne drängt und schon die nächste Lektion vorwegnimmt. Diese Pferde verausgaben sich grundsätzlich, schwitzen dann auch stark und die Erregbarkeit kann sich bis zur Hysterie steigern.

Die Neigung zu Verkrampfungen kann bis zur Berührungsempfindlichkeit gehen. Die Pferde lassen sich nur ungern striegeln und sind beim Schmied nicht gerne gesehen, da sie kaum still stehen können.

Unruhe und Nervosität führen hier vor allem zu Belastungen im Verdauungstrakt. Gierige Futteraufnahme und unzureichend zerkleinertes Futter führen zu Verwertungsstörungen und Gewichtsverlust. Blähungen und Windkoliken entstehen, die die Befindlichkeit des Pferdes erheblich beeinträchtigen.

Unarten wie Koppen und Weben kommen bei diesem Mangelbild häufig vor.

Bei allen Stresssituationen, denen das Pferd ausgesetzt ist, z.B. Turnierteilnahme, Deckstation, auch ein Umzug oder neue Nachbarn im Stall usw., ist die Mineralsalzzufuhr von Nr. 7 angezeigt.

Generell empfiehlt es sich, dem Pferd über einen Zeitraum von mindestens zwei Monaten zweimal täglich 10 Tabletten zu verabreichen. Zur Vorbeugung kann man ihm auch ein paar Tage vor einer möglichen Stresssituation eine etwas höhere Dosis Nr. 7 geben, z.B. dreimal täglich 10 Tabletten oder zweimal täglich 15. Auch vor größeren körperlichen Anstrengungen kann diese Vorgehensweise sinnvoll sein.

Verschlechterung: durch Kälte, bei Wetterwechsel, bei Berührung, bei zu viel Bewegung

Verbesserung: durch Wärme, daher immer eindecken, Massage, warme Umschläge, nach der Rosse

Äußere Erscheinung

Mageres, überempfindliches Pferd, das sich nicht gerne striegeln lässt, schwitzt übermäßig schnell, wenig glänzendes Fell, schlaffe Erscheinung

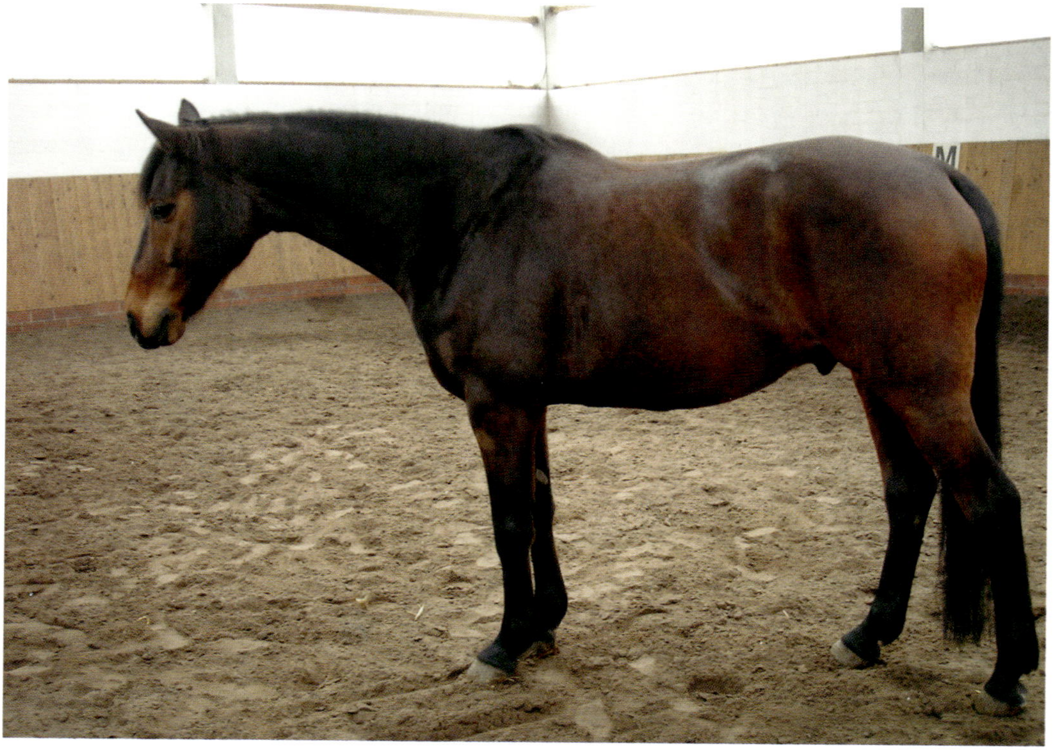

Die Nr. 7 hat sich bei allen Schmerz- und Krampfzuständen bewährt wie zum Beispiel der Behandlung von leichten Koliken.

Erfahrungsbericht

Ein hypernervöses Pferd

Der zum damaligen Zeitpunkt fünfjährige Hannoveraner-Fuchswallach sollte als Dreijähriger angeritten werden. Die Arbeit mit dem noch rohen, direkt von der Weide kommenden Pferd gestaltete sich völlig problemlos. Der Wallach ließ sich aufzäumen und satteln und zeigte auch beim Reiten keinerlei Unarten. Er arbeitete willig mit und machte schnell Fortschritte.

Da der Besitzer der Meinung war, dass sein Pferd zu Höherem berufen war, sollte die weitere Ausbildung von einem international bekannten Ausbilder übernommen werden. Nach vier Wochen besuchte der neue Besitzer sein Pferd und bemerkte, dass sein sonst so ausgeglichenes Tier einen unruhigen Eindruck machte und sich auch nicht gerne anfassen ließ. In der Ausbildung hatte es einen riesigen Schritt gemacht und wurde deshalb mittlerweile zweimal täglich geritten.

Acht Wochen später wurde das Pferd nach Hause geholt. Dort begannen dann die Probleme deutlich sichtbar zu werden. Der Fuchswallach hatte einen völlig übereilten Vorwärtsdrang, nahm schon Lektionen vorweg und machte insgesamt einen nervösen, unausgeglichenen Eindruck. Zu allem Unglück begann er zu koppen. Der Besitzer erkannte nun, dass das Pferd mit dem Ausbildungsprogramm wohl völlig überfordert worden war.

Wie bereits beschrieben, führt ein Magnesium-phosphoricum-Mangel zu einer gesteigerten Erregbarkeit des zentralen Nervensystems und zu psychischen Störungen, die zu Verhaltensauffälligkeiten, wie z.B. Koppen, führen können. Hier war jetzt die oberste Priorität, dem Pferd ausreichend und über längere Zeit Magnesium phosphoricum zu verabreichen. Das Pferd bekam dreimal täglich 10–15 Tabletten.

Es hatte nun täglich mehrere Stunden Weidegang und damit ständig Kontakt zu Artgenossen. Das Training wurde komplett heruntergefahren und die Ansprüche deutlich reduziert. Zusätzlich wurde das Salz Nr. 2 als »Ausbildungssalz« für mindestens ein halbes Jahr angeraten. Das Pferd bekam täglich zweimal 8–10 Tabletten.

Nr. 8
Natrium chloratum (D6)
Das Wasserhaushaltsmittel

Biochemie

- Mineral der extrazellulären Flüssigkeit (Körperflüssigkeit)
- Reguliert den Flüssigkeits- und Wärmehaushalt
- Bindet den Schleim
- Hat starke Beziehung zu den Ausscheidungsorganen und allen Geweben, die nicht durchblutet werden (Knorpel, Bandscheiben, Sehnen, Bänder, Augenlinse)

Merke: ***Natrium chloratum reguliert den Wärme- und Wasserhaushalt.***

Natrium chloratum ist auch bekannt als Kochsalz, das in allen Körperflüssigkeiten und Geweben vorkommt und regulativ auf die Flüssigkeitsauf- und -abnahme sowie den Säure-Basen-Haushalt einwirkt.
Die Zellteilung wird begünstigt und im indirekten Zusammenhang damit auch die roten Blutkörperchen vermehrt.
Das Salz Nr. 8 beteiligt sich an der Bildung verschiedenster Schleimoberflächen, der Magensalzsäure sowie an der Flüssigkeitsversorgung von Knorpelgewebe und der Bildung der Gelenkschmiere. Alle Schwellungen oder ein zu trockenes Milieu der Haut und Schleimhäute werden hierdurch biochemisch reguliert.
Durch die chemische Beschaffenheit kann Natrium chloratum Giftstoffe binden und neutralisieren.

Häufiges Urinieren lässt auf einen Mangel an Nr. 8 schließen.

Bei Pferden, die stark geschwitzt haben, sei es durch extremes Training, bei Turnierteilnahme usw., kann man den erhöhten Salzbedarf dadurch erkennen, dass sie den Leckstein nach der körperlichen Anstrengung stark nutzen. Die Aufnahme von Salz bewirkt die Regulation des Flüssigkeitshaushaltes im Pferdeorganismus und damit auch die Wärmeregulation. Bei einem Pferd, das eine Körpertemperatur von ca. 38 Grad hat, kann sich bei Belastung durchaus die Körpertemperatur erhöhen. Die Zufuhr von Kochsalz wirkt auch hier regulativ auf den Wärmehaushalt.
Die Nr. 8 als kleinstmolekulare Einheit des Kochsalzes hat eine viel bessere Wirkung als die großen Kochsalz-Moleküle des Lecksteins, weil das Natrium chloratum viel schneller in den Organismus gelangen kann.
Es ist daher bei starkem Schwitzen sinnvoll, zusätzlich die Nr. 8 zu verabreichen.
Auch ohne körperliche oder psychische Anstrengung kann beim Pferd eine Störung der

Schweißregulation auftreten und zu extrem trockener und schuppiger Haut führen.
Das Fell des Pferdes ist stumpf und glanzlos. Die trockene Haut ist besonders anfällig für Pilzbefall und die Bildung von Ekzemen mit fettglänzenden Bläschen. Der Ausschlag kann auch nässen und krustig oder eitrig sein. Er befindet sich häufig in den Beugefalten und Gelenkbereichen, am Fesselbereich, der Schweifrübe oder der hinteren Rückenpartie.
Auch außen und innen am Ohr können sich Flechten bilden, die sich zusätzlich im Hals- und Brustbereich zeigen können. Gehäuft treten Warzenbildung und Milbenbefall auf. Das Maul und die Lippen sind sehr empfindlich, reißen leicht ein und können krustige Stellen aufweisen.
Ein Mangel an Nr. 8 kann auch zu Kälteempfindlichkeit der Pferde führen. Sie frieren dann manchmal und zittern dabei am ganzen Körper.
Ein typisches Merkmal von Mangel an Nr. 8 ist der Fließschnupfen, ein Schnupfen mit wässrig-klarem Schleim und immer wieder verstopfter Nase (Nasenbluten durch trockene, verkrustete Schleimhäute). Ebenso alle Schleimhautkatarrhe wie Nebenhöhlen- und Stirnhöhlenentzündungen sowie Magen- und Darmprobleme, die z. B. Schlundbrennen oder auch Verstopfung beim Pferd hervorrufen können. Ein Defizit von Nr. 8 kann ebenso die Nierenfunktion stören und die Harnausscheidung reduzieren. Damit ist auch der Blutdruck betroffen und kann ansteigen. Die Störungen im Wasserhaushalt führen zu Ödemen, d.h. Wasseransammlungen im Gewebe.

!

Verhärtete und ausgetrocknete Knorpel können bei Wiederbelebung durch Nr. 8 zunächst Schmerzen verursachen. Weiterführung der Therapie mit Nr. 8 ist angezeigt!
Da die Regulierung des Wasser- und Wärmehaushaltes lange braucht, muss das Salz Nr. 8 auch über einen langen Zeitraum eingegeben werden.

Das Auge kann in Mitleidenschaft gezogen werden. Man beobachtet verstärkte Bildung von Tränenflüssigkeit, aber auch genau das Gegenteil: trockene Augen. Hierbei wird zu wenig Tränenflüssigkeit gebildet und im Inneren des Auges findet kein Austausch mehr zwischen Hornhaut, Glaskörper, Netzhaut und Linse statt. Dies hat zur Folge, dass das Auge »austrocknet«, was zur Linsentrübung führen kann. Besondere Beachtung sollte bei Mangelzuständen von Nr. 8 der Bewegungsapparat des Pferdes finden.
»Wenn's kracht, die Acht.« An diesem Satz ist viel dran, denn Salz Nr. 8 sorgt für die Gleitflüssigkeit in den Gelenken, was sich bei Mangel manchmal in »knackenden Gelenken« äußert. Anzuwenden bei allen Sehnenscheidenentzündungen und Schleimbeutelentzündungen, verhärteten Sehnen (Bogen auf der Sehne), Schwellungen der Sehne, Verkürzungen und Vernarbungen mit den entsprechenden Symptomen wie Lahmheit, ungleichmäßige Bewegung, Wärmebildung etc.
Bei einer Bänderschwäche, Gelenkschwellungen und Knorpelschäden (dazu gehören

auch die Bandscheiben), bei Muskelschwäche und Muskelabbau, z. B. nach Operationen mit langen Stehperioden, und bei allen rheumatischen Schmerzen.
Auch wenn ein anderes Schüßler-Salz für die Ursachen der Gelenkbeschwerden eingesetzt werden muss, ist es sinnvoll, bei Symptomgleichheit der oben angeführten Natrium-chloratum-Mangelzustände die Nr. 8 immer mit einzusetzen.

Psychische Aspekte

Hierbei handelt es sich um eigenbrötlerische, abweisende Tiere, die überhaupt keine Veränderungen mögen und extreme Zuwendung brauchen. Sie sind unsere »Kummerkinder«, das heißt, dass sie sehr wehleidig sind und sich richtig gehend »hängen« lassen. Haben sie irgendeine kleine Unpässlichkeit, stehen sie mit hängendem Kopf in Richtung Wand und lassen sich nicht gerne ansprechen. Vor allem wollen sie nur die vertraute Umgebung und die vertraute Bezugsperson, Fremde werden abgewehrt.
Häufig haben diese Pferde schon böse Erfahrungen gemacht. Sollten solche Situationen ihnen nur ansatzweise ähnlich erscheinen, reagieren sie entweder mit Apathie oder deutlich aggressivem und massiv gereiztem Verhalten. Wurden diese Pferde jemals schon unverhältnismäßig stark mit der Gerte gestraft, wird es schon bei dem Anblick der Gerte zu entsprechenden Reaktionen kommen.
Diese Pferde haben ein »Elefantengedächtnis«, schon kleinste Erinnerungen rufen alte Muster ab und können für Reiter und letztendlich dann auch für Pferde zu gefährlichen Stressreaktionen führen. Häufig sind diese Pferde triebig und unwillig mitzumachen. Neue Aufgaben werden nur widerwillig angegangen. Zusprechen, Belohnung und Motivation helfen dann wenig. Wird der Reiter ungeduldig, ist das erfahrungsgemäß sinnlos und kontraproduktiv.

Verschlechterung: bei kalt-feuchtem Wetter (Herbst-/Winter-/Frühjahrs-Wechsel), bei Hitze, in der Sonne, bei Anstrengung und Belastung
Verbesserung: bei Ruhe, trockenem, warmem Klima, kühler, frische Luft

Äußere Erscheinung

Gefräßige, aber trotzdem eher abgemagerte Pferde mit schlaffer Muskulatur (wenig bemuskelt); schwächliche Tiere, kälte- und nässeempfindlich mit Zittern und Schlottern

Erfahrungsbericht

Gelenkprobleme und psychische Veränderungen beim Pferd

Ein vierjähriger Warmblutwallach kam dreijährig zum Anreiten in einen sehr pferdefreundlichen Ausbildungsstall. Der Wallach hatte als Fohlen schon intensiven Kontakt zu seinem Besitzer, einem Liebhaberzüchter, der viel Wert auf guten Umgang mit dem Pferd legte. Der Wallach wurde mit zwei Jahren gelegt und dann für ein halbes Jahr mit gleichaltrigen Pferden auf die Weide gestellt.

Im Ausbildungsstall fiel es gelegentlich auf, dass das Pferd bei einer Drehung um die linke Hinterhand plötzlich für einige Sekunden sein Hinterbein kaum mehr bewegen konnte. Das Bein war dann wie »ausgerenkt«. Erst nach ein oder zwei Schritten war das Bein wieder in »Position« und das Pferd konnte wieder normal gehen. Dies passierte zwar nicht ständig, aber trat in unregelmäßigen Abständen immer wieder auf. Man hatte das Gefühl, dass man die Gelenke regelrecht »knacken« hörte, bevor er wieder »normal« gehen konnte. Es beeinträchtigte aber in keiner Weise die Arbeit. Er trabte und galoppierte gut. Da das Pferd eine außergewöhnliche Erscheinung war und wunderbare Bewegungen hatte, fand man einen Käufer aus Übersee. Die umfangreiche tierärztliche Untersuchung ergab keinen Befund. Selbst durch eine röntgenologische Untersuchung ließen sich keinerlei Gelenkveränderungen feststellen, die dieses »Ausrenken des Beines verbunden mit einem knackenden Geräusch« erklären konnten. Außerdem wurde dieses »Phänomen« bei der gründlichen Ankaufsuntersuchung nicht sichtbar. Das Pferd wurde von dem bisherigen Ausbildungsstall in den Stall des Kaufvermittlers überstellt.

Nach ca. vierzehn Tagen kam der Züchter mit diesem Pferd zum ursprünglichen Ausbildungsstall zurück und berichtete völlig entsetzt, dass das Pferd nicht nach Übersee verkauft werden könne, da es »koppen« würde. Das Pferd koppte nun tatsächlich, was es nachweislich vorher nicht getan hatte. Es war ängstlich und auch die schon vorher beobachteten Gelenkprobleme hatten sich eindeutig verstärkt. Jetzt bemerkte man das »Phänomen« tatsächlich auch schon beim Longieren. Außerdem hatte das Pferd einen starken Nasenausfluss und hustete zu Beginn einer körperlichen Anstrengung kurz und kräftig an.

Alle diese Symptome, die uns geschildert wurden, konnten wir zum größten Teil der Nr. 8 zuordnen. Deshalb wurde die Gabe von Salz Nr. 8 in einer Dosierung von mindestens dreimal täglich 20 Tabletten über einen Zeitraum von fünf Wochen empfohlen. Bei leichter Besserung der Gelenksymptome wurde eine Fortführung der Gabe von dreimal 5 Tabletten über zwei Monate vereinbart.

Daneben wurden die Nr. 7 zur Entkrampfung und Muskelentspannung und die Nr. 12 (siehe Salzbeschreibung) als zusätzliches Mineralsalz empfohlen. Beide Salze werden bei Koppen, Weben und anderen Untugenden gegeben. Von dem Gemisch sollten dreimal täglich 6–8 Tabletten zusätzlich verabreicht werden.

Nr. 9
Natrium phosphoricum (D6)
Das Entsäuerungsmittel

Biochemie
- Alkalisches Salz, das Säure bindet
- Reguliert den Fetthaushalt
- Unterstützt den physiologischen Verbrennungsprozess
- Baut Zucker ab

Merke: ***Ein Anti-Acidotikum (Entsäuerungsmittel für den gesamten Organismus).***

Der Speicher von Nr. 9 ist die Lymphe. Natrium phosphoricum kommt bei allen Störungen im Stoffwechsel zum Einsatz, deren Ursache in der Übersäuerung des Organismus liegt. In Blut- und Gewebeflüssigkeit, in Gehirn-, Blut-, Muskel- und Nervenzellen hilft es, die Säuren abzubauen. Es verwandelt z.B. die Harnsäure in Harnstoff und macht dadurch die Ausscheidung über die Nieren möglich. Ein Anstieg des Säurespiegels im Organismus führt zu einer ganzen Reihe von Stoffwechselstörungen mit umfangreichen Folgen, wie beispielsweise Nierensteine, Ablagerungen in Blase, Galle, aber auch in den Gelenken. Das Pferd, das sich im sportlichen Einsatz befindet, benötigt gerade nach dieser Muskelarbeit ein gut funktionierendes Entsäuerungssystem. Ebenso führen alle Stresssituationen, wozu neben der psychischen Belastung auch jede Verletzung, Infektionskrankheit oder chronische Krankheit gehört, im Organismus zu Ansammlungen von Säure, deren Ausgleich zunächst über die Nieren, die Haut, die Atmungs- und Verdauungsorgane geschieht. Kann dies nicht mehr ausreichend vollzogen werden, treten Mechanismen in Kraft, die den Körper schädigen. Wegen des unzureichenden Ausgleichs der Säure kann es zu einer Endmineralisierung der Knochen, zu Auskristallisierung in den Gelenken, Gelenkentzündungen, Rheuma (hier spielt auch die Entstehung der Hufrehe eine bedeutende Rolle), Steinbildung und Entzündungen von Niere und Blase kommen. Aber auch zu Gefäßerkrankungen wie Arteriosklerose oder Venenentzündungen, Lymphdrüsenschwellung und Hautproblemen.

Das Bindegewebe wird schwach, die Haut und das Haarkleid werden fettig und die Haut ist mit öligen, fettigen Schuppen belegt.

Da die Nr. 9 auch den Fetthaushalt reguliert, kommt es bei Mangel zu einer Störung in der Fettverarbeitung des Organismus, der wiederum die Haut als Ausscheidungsmöglichkeit benutzt. An der Haut entstehen fettige Stellen und verstopfte Talgdrüsen. Hieraus

Norwegerponys sind meist typische Vertreter von Mangelbild Nr. 9.

entstehen Entzündungen, Abszesse und Geschwülste (Lipome).
Nach Impfungen zeigen sich schnell eitrige Reaktionen an der Impfstelle und möglicherweise am ganzen Körper.
Bei allen eitrigen Hauterkrankungen sollte die Nr. 9 unbedingt Anwendung finden, um den Pferde-Organismus bei der Säure- und Fettregulierung zu unterstützen. Die Immunabwehr ist deutlich reduziert, wobei gerade die Atmungsorgane betroffen sind mit Neigung zu Schnupfen, Halsentzündungen bis hin zu Bronchitis mit dickem gelblichem Hustenauswurf und Lungenentzündung. Hierbei kommt es dann relativ leicht zu der gefürchteten »Dämpfigkeit«.
Die Endmineralisierung der Knochen und Zähne führt beim Pferd zu Zahnschäden und daraus resultierenden Verdauungsproblemen durch nicht ausreichendes Kauen. Die Knochen sind deutlich instabil, und es besteht eine fatale Neigung zu Knochenbrüchen. Vielfach treten auch Nervenentzündungen und Lähmungserscheinungen auf, die mit Schwellungen der Gelenke und Entzündungen der Sehnen einhergehen. Der steife Rücken am Morgen oder nach langem Stehen sowie die deutliche Steifheit am Tag nach intensivem, sportlichem Einsatz gehört zum Mangelbild von Nr. 9. Hitze verstärkt die Symptome, Bewegung verbessert durch vermehrte Durchblutung. Die Pferde haben einen typisch sauren Geruch und schwitzen schnell.

Psychische Aspekte

Wie beschrieben, ist bei einer Übersäuerung des Organismus mit diversen Problemen beim Pferd zu rechnen. Eine Übersäuerung macht ihm als bewegungsfreudigem Lebewesen besonders zu schaffen. Das übergewichtige Pferd erscheint daher keineswegs leistungsbereit und motiviert. Es muss ständig angetrieben werden und wehrt sich natürlich dagegen. Man könnte dieses Pferd als »sturen Kopf« bezeichnen. Jedenfalls ist es recht eigenwillig oder macht einen eigensinnigen Eindruck, es ist mürrisch und missmutig. Es fällt dem Reiter schwer, sich durchzusetzen. Das Pferd fordert den Reiter mächtig heraus. Gerne verbindet man diese Eigenschaften mit dem typischen Kaltblut, langmütig aber irgendwann ist auch die Reizschwelle erreicht, dickköpfig und stur. (Was natürlich nicht auf alle Kaltblüter zutrifft.) Wenn Sie also ein Warmblut haben, das glaubt, sich selbst zu den Kaltblütern zählen zu müssen, so ist es sicher, dass es die Gabe von Nr. 9 braucht!
Außerdem hat dieses Pferd ständig Hunger (was beim Nachgeben zu noch mehr Gewichtszunahme führt). Selbst bei kleineren Rationen wird das Pferd nicht an Gewicht verlieren.

Verschlechterung: früh morgens, Wärme, warmer, nicht gut belüfteter Stall, nach dem Füttern
Verbesserung: keine Zugluft, angenehmes, gleich bleibendes Stallklima, angepasste Nahrung, viel Raufutter

Äußere Erscheinung

Rundlich bis übergewichtiges, träges Pferd, hat immer Hunger, frisst viel, bewegt sich ungern. Zeigt keine sonderliche Mitarbeit.

Erfahrungsbericht

Steifheit nach Belastungen

Hier handelt es sich um einen achtjährigen Hannoveraner-Wallach, der in der Vielseitigkeit eingesetzt wird. Ein stabiles, fast schon etwas überfüttert wirkendes Pferd, das zunächst so gar nicht in das Bild eines Vielseitigkeitspferdes passt. Das Pferd brachte seine Reiterin aber immer sicher und mit Platzierungserfolgen durchs Gelände und zeigte gute Leistungen in Dressur und Springen. Dann begann das Pferd, immer unwilliger mitzuarbeiten.

Der Wallach war zeitweise sehr »triebig« und verweigerte routinemäßige Übungen, die zuvor ohne Probleme möglich waren. Nach seinem letzten Herbst-Vielseitigkeits-Turnier war er am nächsten Tag total steif. Er wollte nur widerwillig aus der Box und erst durch konsequentes Führen wurde es besser. Außerdem hatte er seit etwa drei Wochen leichten Husten. Anzumerken ist, dass das Pferd generell häufig entwurmt werden musste. Sein Fell ist glanzlos und matt und seine Halsdrüsen geschwollen. Bei der Untersuchung zeigte sich, dass das zunächst auf uns eher träge wirkende Tier jetzt recht nervös und angespannt war. Der Wallach ließ sich nur widerwillig berühren und untersuchen. Außerdem schwitzte er deutlich und hatte seit ein paar Tagen eine sehr weiche ungeformte Darmentleerung. Unter dem Bauch zeigte sich eine kleine eitrige Entzündung mit Rötung und Schwellung. Da sich die Steifheit bei dem Pferd einen Tag nach einem sportlichen Einsatz zusätzlich in Verbindung mit Müdigkeit und schlechtem Abwehrsystem zeigte, empfahlen wir hier das Salz Nr. 9. Der Übersäuerung mit allen Zeichen sollte im Akutfall mit einer Hochdosis von zweimal 10–15 Tabletten begegnet werden. Bei weniger akuten, aber schon lange bestehenden Symptomen ist es sinnvoll, möglichst über mehrere Monate in einer Dosis von mehrmals täglich 5–10 Tabletten konsequent die Nr. 9 zu verabreichen.

Viele chronische Erkrankungen gehen mit Übersäuerung einher. Die Nr. 9 sollte grundsätzlich zusätzlich zum Einsatz kommen. Zunächst also den Pferdeorganismus mit der Nr. 9 als Erstmittel zur Entsäuerung versorgen und dann das eigentliche Krankheitsbild mit einem weiteren entsprechenden Schüßler-Salz behandeln. Erfolge für die eigentliche Erkrankung lassen sich durch die zuerst durchgeführte Entsäuerung mit der Nr. 9 viel schneller und nachhaltiger erzielen.

Nr. 10
Natrium sulfuricum (D6)
Entschlackungs- und Entgiftungssalz

Salz Nr. 10 kann eingesetzt werden nach Durchfallerkrankungen mit erheblichem Gewichtsverlust.

Biochemie

- Hilft Körperflüssigkeiten zu regulieren
- Unterstützt die Ausscheidung von Schlacken- und Belastungsstoffen
- Beteiligt an Funktion und Regeneration der Ausscheidungsorgane

Speicherort: Leber, Galle, Gewebsflüssigkeit

Alle am Ausscheidungsprozess beteiligten Organe wie Leber, Galle, Bauchspeicheldrüse, Darm, Nieren und Haut sind auf den Mineralstoff Natrium sulfuricum angewiesen. Die Nr. 10 transportiert überflüssiges Wasser aus dem Körper, ist ein wichtiges Mittel bei Entgiftungsvorgängen in der Leber, damit die Ausscheidungsprodukte über den Dickdarm abtransportiert werden können. Außerdem hilft es der Leber bei der Bildung der Gallenflüssigkeit und ist für die Bauchspeicheldrüse an der Regulierung des Zuckerstoffwechsels beteiligt.

Durch den Abbau des Flüssigkeitshaushaltes und der Bindung der Abfallprodukte wird die Blasen- und Nierentätigkeit angeregt. Mangelt es an Nr. 10, können auch das Immunsystem und alle im Körper vorhandenen Mechanismen zur Energie- und Wärmegewinnung nicht mehr ausreichend funktionieren.

Der Organismus ist nun bestrebt, durch verschiedene Maßnahmen der verminderten Fähigkeit zur Entschlackung- und Entgiftung entgegenzuwirken, wie z. B.:

- Neutralisierung durch Wasseransammlung in dem Gewebe. Ödembildung vorwiegend in den unteren Gliedmaßen des Pferdes, manchmal auch Wasseransammlung im Augenbereich (erhöhter Augendruck) oder Bauchdecke. Schließlich kann auch der überhöhte Druck des Gewebswassers zu einer offenen Wunde am Bein führen, die nur schwer wieder in den Griff zu bekommen ist.
- Ausscheidung über die Haut mit erhöhtem Juckreiz. Einzusetzen z. B. bei ständigem Jucken von Schweifrübe und Mähne. Meist treten verstärkt Hautausschläge auf und die Abschwächung des Immunsystems begünstigt die Entwicklung von Geschwüren und Abszessen mit gelblich-wässrigem Eiter sowie die Neigung zu Herpesinfekten, Flechten und Pilzerkrankungen.
- Leberwerterhöhung sowie zu hohe Werte der Bauchspeicheldrüsenenzyme und der Zuckerwerte stören die Ausscheidung

über den Darm, was zu starken, gussartigen Durchfällen mit geräuschvollen Blähungen bis hin zur Blähungskolik führen kann (Kotwasser). Das Pferd ist deutlich empfindlich in der Bauchgegend und im Flankenbereich. Es hat großen Durst und fröstelt stark, was durch Zittern und Beben am gesamten Rumpf deutlich wird. Es mag aber keinesfalls eingedeckt werden. Jedes Einengen wehrt es ab. Der Durchfall ist zwar ein reaktives Mittel, der Überbelastung von Schlackenstoffen entgegenzuwirken, bedeutet für das Pferd aber auch Verlust von anderen wichtigen Mineral- und Spurenelementen. Dies wiederum führt zu einem Energieverlust. Das Pferd magert ab und verweigert meist eine ausreichende Nahrungsaufnahme.

Typisches Bild eines Pferdes, dem Nr. 10 fehlt, ist das eher abgemagerte (übergewichtig nur bei Zuckerstoffwechselstörung), zarte und hochgewachsene Tier mit gewölbtem Bauch. Kraftfutter wird nur zögerlich aufgenommen, dafür bevorzugt es eher gutes, mit Kräutern durchmischtes Heu und frisst gerne Löwenzahn und andere Kräuter, die Bitterstoffe enthalten.

Die Gelenke schwellen schnell an, sind aber nicht heiß, wobei die Beschwerden häufig in den frühen Morgenstunden auftreten. Im Herbst und Winter sind diese Probleme besonders deutlich und auch dann, wenn von Weide- auf Stallhaltung umgestellt wird, sowie bei Kälte und Nässe. Windiges und nebliges Wetter können die Pferde gar nicht gut ertragen. Sie zeigen typisch rheumatische Beschwerden mit Schmerzen in den Bewegungen. Sehr häufig tritt Husten auf, der von grünlich-zähem Auswurf begleitet wird. Vorwiegend bei herbstlichem Wetter ist die Anfälligkeit für Erkältungen deutlich. Jetzt kann auch nach hartnäckigem Husten das so genannte Asthma mit rasselnden Geräuschen auftreten, welches tragischerweise in ein Lungenödem übergehen kann.

Der Versuch der Entgiftung über die Blase und Niere kann zu vermehrtem Harndrang führen. Das Pferd bleibt z. B. häufig während der Arbeit stehen, um zu urinieren. Der verstärkte Harndrang kann auch zu Verkrampfungen im Rückenbereich und mit Schmerzen in der Lendengegend einhergehen. Wird das Pferd dann weiter belastet, können durch die Druck- und Schmerzempfindungen wütende und impulsive Reaktionen beim Pferd ausgelöst werden.

Bei Stuten mit Nr.-10-Mangel kommt es häufig zu überschießender Milchproduktion.

Die Fohlen sind untergewichtig mit aufgeblähtem Bauch und zeigen auch schon die beschriebenen unkontrollierbaren, übel riechenden Stühle. Vielfach sind diese Tiere auch stark verwurmt.

Psychische Aspekte

Es ist nicht immer leicht, die psychischen Merkmale der Nr. 10 von denen des vorangegangenen Mineralsalzes, Natrium phosphoricum (Nr. 9), zu unterscheiden. Beide Mangelsymptome können das Bild eines übergewichtigen, trägen, müden und triebigen Pferdes zeigen. Das Pferd verweigert also die Arbeit und dies ist vor allem bei kaltem, nassen und nebligen Wetter besonders deutlich. Dann muss sich das Pferd erst einlaufen und lehnt diese jetzt mit deutlichen, manchmal sogar aggressiven Reaktionen ab und muss ständig zur Arbeit angehalten werden.

Vor allem vor und auch nach einer Krankheit machen sich Mattigkeit und Abgeschlagenheit beim Pferd besonders klar bemerkbar. Mitunter fröstelt das Pferd auch und man ist geneigt, es entsprechend einzudecken, was ihm überhaupt nicht behagt. Auch hier kann sich das Bild einer »beleidigten Leberwurst« zeigen.

Verschlechterung: Feuchtigkeit, Nässe, Kälte, mag keinen Wind und Nebel, vermeidet Berührung

Verbesserung: trockenes gutes Stallklima, ist bei gutem Wetter gerne auf der Weide, geht zielsicher auf Kräutersuche

Äußere Erscheinung

Übergewichtige, langsame Tiere, bei Leberbelastung auch abgemagerte, träge Pferde. Sie sind schwächlich und sehr wenig belastbar. Häufig cholerischer Charakter

Pferde mit einem Mangel an Salz Nr. 10 bevorzugen Löwenzahn (Bitterstoffe).

Erfahrungsberichte

Hauterkrankung mit Folgen

Hier handelt es sich um ein 14-jähriges Freizeitpferd, mit dem nur ausgeritten wird. Der Besitzer nimmt mit ihm regelmäßig im Herbst an einigen kleineren Jagden teil.

Vorgeschichte: Das Pferd hatte Zeit seines Lebens immer wieder kleine Hauterkrankungen, welche vom Tierarzt als Pilzinfektionen festgemacht und mit verschiedenen Antipilzmitteln behandelt wurden. Wurmkuren wurden regelmäßig zweimal im Jahr verabreicht. Trotzdem schien das Pferd die aufgenommene Nahrung nicht richtig zu verwerten, denn es war leicht untergewichtig. Seit dem letzten Jahr bemerkte der Besitzer, dass sein Pferd nicht mehr so richtig in Schwung kam, es war sehr triebig und wenn er es verstärkt antrieb, entließ es deutlich geräuschvolle Blähungen und zeigte durch allerlei Unwilligkeiten, dass es ihm nicht behagte, angetrieben zu werden. In eher kühlen und nassen Sommermonaten, vor allem, wenn das Pferd keinen regelmäßigen Weidegang hatte, schwollen die Fesselgelenke an. Durch Bewegung gingen die Schwellungen nur leicht zurück. Hier wurde dann die tägliche Gabe von dreimal 10 Tabletten der Nr. 10 angeraten. Die Behandlung sollte über den ganzen Herbst und Winter fortgeführt werden.

Im darauf folgenden Frühjahr sah man deutlich, dass sich das Pferd erholt hatte. Es nahm an Gewicht zu und die vorgenommenen Wurmkuren führten diesmal zur erfolgreichen Entwurmung. Die Gelenke waren auch weit weniger angeschwollen. Ein vom Besitzer unerwähnt gebliebener, lästiger Husten, der vorwiegend im Winter auftrat, ging ebenso zurück, wie eine immer mal wieder auftretende, ursächlich nicht einzuordnende Lymphdrüsenschwellung am Hals

Es wurde eine Weiterführung der Mineralsalzgabe Nr. 10 in einer Dosis von zweimal täglich 5 Tabletten über einen Zeitraum von einem halben Jahr angeraten.

Nr. 11
Silicea (D12)
Wichtiger Organbestandteil

Die Kieselsäure ist eines der ältesten Heilmittel und der wichtigste Bestandteil aller Organe.

Biochemie

- Findet sich in allen Zellen und Geweben
- Wirkt mit beim Aufbau der Gewebestrukturen (Bindegewebe, Haut, Haare, Hufhorn, Blut, Drüsen, Knochen, Muskeln, Sehnen)
- Fördert mechanische Festigkeit und Elastizität der Gewebe
- Steigert die Widerstandsfähigkeit, regt Immunabwehr an
- Baut Leitfähigkeit der Nerven auf

Speicher: Bindegewebe, Knochen, Haut

Silicea ist an der Bildung von Kollagen zur Entwicklung und Stabilisierung von Knochen, Knorpel, Sehnen und Bindegewebe beteiligt und daher für den Pferdeorganismus von großer Bedeutung. Im Mittelpunkt stehen hierbei die gesunde Zahnentwicklung, Knochenfestigkeit und Knorpelbildung, gesundes Fell, widerstandsfähige Haut und festes Bindegewebe, elastisches und stabiles Hufhorn. Durch Silicea werden die Widerstandskraft gefördert und die Abwehr im Gewebe aktiviert. Nr. 11 ist daher wichtig bei der Behandlung von allen entzündlichen, eitrigen und schlecht heilenden Wunden, bei Neigung zu Blutergüssen und allen entzündlichen Gelenk- und Wirbelerkrankungen. Es ist ebenso ein wichtiges Mittel zur neurovegetativen Stabilität, da es die Leitfähigkeit der Nerven aufbaut und somit die Widerstandsfähigkeit bei äußeren Reizen (Licht, Geräusche, grelle Farben, Geruch) steigert.
Der Alterungsprozess kann durch Silicea maßgeblich beeinflusst werden, denn die Elastizität des Gewebes, auch das der Blutgefäße (Arteriosklerosebildung), wird erhalten. Vitamine und Mineralien, wie auch alle anderen Schüßler-Salze, werden durch Silicea besser in den Körper aufgenommen und verwertet.
Die Gabe von Silicea ist vor allem bei schnell wachsenden Tieren von großer Bedeutung. Ein Mangel lässt sich recht gut durch Fehlentwicklung der Hufe (Bockhuf), zu weiche Knochen (Knochen- und Gelenkdeformation), Knorpelwachstumsverzögerung, Bänder- und Sehnenschwäche ausmachen.

Die Gabe von Silicea ist vor allem bei schnell wachsenden Fohlen von Bedeutung.

Hier werden jetzt kurz die pferdetypischen, recht häufig auftretenden Veränderungen benannt, bei denen eine zusätzliche oder einzelne Gabe von Nr. 11 erfolgen sollte. Im Abschnitt Bewegungsapparat werden diese nochmals näher beschrieben:

Sprunggelenksgalle, die so genannte »Piephacke«, Bursitis, Schleimbeutelentzündung, Griffelbeinfrakturen, »Überbein«, Sehnenzerrung/Sehnenriss, Entzündungen der Fesselgelenke, Hahnentritt, Bänder, Durchblutungsstörungen und Knorpeldefekte, die zu chronischen Erkrankungen der Bänder, Sehnen und Knochen führen.

Bei allen Verstauchungen, Verrenkungen, Verletzungen der Knochen, Bänder und Sehnen mit den dazugehörigen mehr oder minder auftretenden Lahmheits- und Schmerzanzeichen ist eine Therapie mit Nr. 11 angezeigt.

Haut-, Fell- und Huferkrankungen spielen hier auch eine Rolle: Schlecht wachsende Hufe, spröde, trockene zu Rissen neigende Hufe, sich schnell entzündlich verändernde Bereiche um den Huf, z.B. am Strahl, in der Fesselgegend (Mauke, Warzenmauke), offene und verdeckte Verletzungen an der Krone des Pferdehufes mit entsprechender Phlegmonebildung, eitrige Abszessbildung, welche bis zum Hufknorpel vordringen kann.

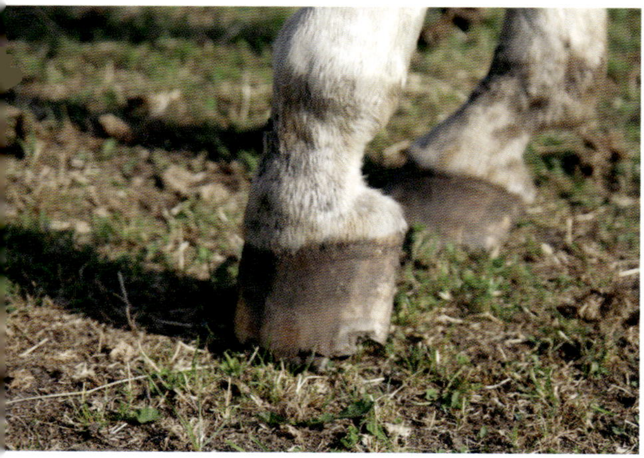

Ein Hinweis auf Mangel an Silicea: ausgebrochene Hufe

Verletzungen der Huf-Lederhaut führen auch zu verändertem Hufwachstum und Fleckenbildung (Steingallen) im Pferdehuf.

Das Fell der Pferde ist meist stumpf, wirkt struppig und ist sehr dünn. Trockene schuppige Stellen, die stark jucken, zeigen sich. Kahle Stellen treten zum Vorschein. Das Pferd neigt zu Sonnenbrand und zur Überhitzung bei Sonneneinstrahlung (Sonnenstich) und reagiert mit erhöhter Körpertemperatur. Die Haut entzündet sich schnell und es kommt häufig zu Abszess-Furunkel-Fistelbildung und Schleimbeutelverdickung/Schwellung (Widerristfistel, Vorderbrustbeule, Brustbeinfistel etc.). Die Wundheilung ist deutlich geschwächt und die Lymphdrüsen sind geschwollen und verhärtet. Sehr häufig reagieren die Pferde auf Infektionen mit Entzündungen an den Einstichstellen und Verhärtungen oder Zusetzen der Venen, vorwiegend der Halsvenen. Erkennbar als Vene, die wie ein verdickter Strang am Hals aufliegt. Ein geschmeidiges Biegen in der sportlichen Arbeit wird hierdurch erheblich erschwert.

Bei allen äußerlichen offenen Verletzungen mit Wundheilungsstörung und/oder Bildung von Wucherungen ist Nr. 11 angezeigt.

Die Pferde haben häufig trockenen Reizhusten, meist mit kurzen, schmerzhaften Hustenattacken. Es kommt verstärkt zu Entzündungen von Binde- und Hornhaut wie auch

Entzündungen des Lides und der Tränenkanäle. Die Augen sind geschwollen und gerötet, aus der Nase fließt eine wässrige, scharfe Flüssigkeit (Fließschnupfen), manchmal mit Blutbeimengungen. Hier sollten die Pferde unbedingt eingedeckt werden und verschwitzte Pferde unbedingt trocken gerieben werden und trocken in den Stall kommen.

Merke: ***Ein Mangel an Nr. 11 führt zu einer vorzeitigen Alterung des Pferdes. Die Pferde sind schnell erschöpft und zeigen einen schlaffen Bauch mit eingefallenen Flanken.***

Psychische Aspekte

Auffällig ist die schreckhaft ängstliche Reaktion auf Licht und Lärm. Das ist besonders zu beobachten bei Turnierpferden, die sich vor Kamerablitzen, extremem Lärm (können auch Hundegebell oder kreischende Kinder sein), unbekannten Geräuschen, Erschütterungen usw. erschrecken und dann unverhofft zur Seite springen. Dies ist aber auch zu beobachten, wenn man mit den Pferden ausreitet. Jede Mülltüte oder ein herannahendes Auto werden zum Risiko. Ein Mangel an Nr. 11 kann sich auch ohne äußere Störfaktoren mit Zittern, Unruhe und Nervigkeit zeigen.
Es sind meist die zarten oder hoch im Blut stehenden Pferde, die schnell gestresst sind und übermäßig schwitzen. Oftmals sind sie auch in ihrem Wachstum zurückgeblieben, scheu und ohne Selbstvertrauen.
Die nervliche Überlastung überfordert die Pferde deutlich. Sie reagieren auf Konflikte völlig unkalkulierbar. In der Regel sind sie eher zuverlässige Pferde, aber immer schwierig zu »händeln«. Das heißt, dass eine gehörige Portion Ruhe und Gelassenheit seitens des Reiters dazu gehört, sie in allen Situationen zu begleiten.
Andererseits kann man diese Pferde auch regelrecht »ausnutzen«. Der Reiter kann von diesen Pferden über ihre eigentliche Belastbarkeitsgrenze hinaus Leistungen fordern. Pferde mit Mangel an 11 lassen sich überfordern und machen trotz völliger Erschöpfung weiter.
(Vergleichen Sie bitte mal die Rennpferde. Vom Körperbau und oftmals von ihrem Gesamtbild her, passen diese Pferde genau in das Mangelschema der Nr. 11.)
Vielfach sind die Pferde recht starrköpfig und eigensinnig und brauchen die bereits beschriebene »ruhige Hand«. Sie sind hoch empfindlich, auch beim Futter, fressen sehr ausgewählt und stellen den Besitzer hierbei ebenfalls auf die Probe. Bei Stress treten die Blutgefäße hervor und die geringste Zugluft wird durch deutliches Zittern beantwortet.

Verschlechterung: Lärm, Licht, Kälte, Stress, Zugluft, muffiger Stall, wenig Weidegang, Gewitter, zu Beginn einer Bewegung, am Abend
Verbesserung bei: Eindecken, Wärmezufuhr (Solarium), feuchtes Wetter

Äußere Erscheinung

Im Wachstum zurückgebliebenes, zartes, empfindliches Pferd, schlaffer Bauch, Zittern bei Kälte, stark stressanfällig mit hervortretenden Blutgefäßen, vorwiegend am Hals und Kopf

Erfahrungsbericht

Das alte Pferd

Es handelt sich um einen zirka 23 Jahre alten Schimmel-Wallach, der lange im Turniersport eingesetzt wurde. Er war nun schon einige Zeit auf dem »Altenteil«, wurde aber noch zu kleinen Ausritten von seinem Besitzer wegen seiner Zuverlässigkeit gerne eingesetzt.

Seit geraumer Zeit war aber der Ausritt nicht mehr so stressfrei, da der Wallach jetzt bei herannahenden Autogeräuschen zunehmend unruhig wurde. Sein Besitzer meinte auch bemerkt zu haben, dass ihm jeder Wetterwechsel zu schaffen machte, bevorzugt schienen Bewegungsschmerzen bei Kälte aufzutreten. Der Fellwechsel dauerte nun erheblich länger, insgesamt war die Futteraufnahme schwieriger und die Verwertung wohl schlechter, da der Wallach auch an Gewicht verloren hatte.

Es wurde hier zur Unterstützung der altersabhängigen Beschwerden mit einer kontinuierlichen Verabreichung des Schüßler-Salzes Nr. 11 begonnen. Sinnvollerweise in einer Dosierung von zweimal täglich 10 Tabletten. Grundsätzlich sollten im Alter, auch ohne gravierendes Beschwerdebild, die Schüßler-Salze Nr. 1 und 11 kombiniert angewendet werden. Siehe hier auch Kapitel: Das alte Pferd.

Will man etwas für sein altes Pferd tun, ist der Einsatz von hohen Dosen Silicea sinnvoll. Bei diesem 29 Jahre alten Wallach kann der Fellwechsel unterstützt werden.

Nr. 12
Calcium sulfuricum (D6)
Reinigungs- und Regenerationsmittel

Sogenannter »Joker« zur Verstärkung der anderen 11 Schüßler-Salze.

Biochemie

- Klärt die Lymphe
- Vermindert die Ablagerungen schädlicher Stoffe im Organismus
- Unterstützt die Ausscheidung von Abbauprodukten
- Vorhanden in Leber, Galle, Muskeln, Knorpelmasse
- Bestandteil von Hormonen, Enzymen und Eiweißen
- Unterstützt die Blutgerinnung
- Zuständig für chronische und offene Eiterungen
- Regt Zellwachstum an
- Beteiligt an der Bildung von Binde- und Stützgewebe

Calcium sulfuricum ist das Mittel, welches Dr. Schüßler ursprünglich wieder aus seiner Reihe der Schüßler-Salze ausgeschlossen hatte, da es nicht konstant im Körper nachweisbar war. Es zeigte sich aber, dass es eine wichtige Funktion im Körper erfüllte und fand so doch wieder den Weg zurück in die Biochemie als ein wichtiges Reinigungs- und Regenerationsmittel.
Nr. 12 hat eine besondere Wirkung auf die Haut, die Schleimhäute und Drüsen. Es übt eine entzündungshemmende, lösende, ausscheidende und reinigende Wirkung auf die

Pferden, die auf der Weide ständig »Streit« suchen, fehlt häufig das Salz Nr. 12.

Schleimhäute aus und ist als zusätzliche Gabe zu Silicea hervorragend zur Unterstützung und Heilung bei allen eitrigen Prozessen angezeigt.

Merke: ***Das Salz erst einsetzen, wenn der Eiterabfluss möglich ist!***

Einsetzbar bei chronisch entzündlichen Prozessen aller Art, auch dann, wenn diese nicht mehr ganz frisch sind. Typisch sind dicke gelbliche bis grünliche, häufig stinkende Absonderungen der Haut und Schleimhäute.
Neben den vielfältig chronischen Hautreaktionen ist Nr. 12 vor allem bei vergrößerten, verhärteten Drüsen, Weichteilschwellungen, immer wiederkehrenden eitrigen Mandelentzündungen, Stirn- und Nasennebenhöhlenentzündungen, wie auch bei Bindehautentzündungen mit eitrigem Ausfluss angezeigt.
Durch die Unterstützung von Nr. 12 in der Zellneubildung wird eine rasche Heilung

möglich. Innere und äußere Blutungen werden durch die blutgerinnende Eigenschaft von Nr. 12 positiv beeinflusst.
Durch den Bezug zu Knochen, Knorpel und Bindegewebe und die entgiftende Funktion von Calcium sulfuricum wird Nr. 12 auch bei so genannten rheumatischen Beschwerden, bei Weichteil- und Gelenkerkrankungen sowie bei Wachstumsstörungen empfohlen.
Sehr häufig treten bei diesen Pferden Komplikationen mit Bronchien oder Lunge auf, die sich durch hartnäckigen, zuerst fest sitzenden Husten, dann mit eitrigem, grünlich bis gelblichem Eiterausfluss aus Nase und Bronchien zeigt. Sehr oft erkranken diese Pferde auch an einer Nasennebenhöhlen- und Stirnhöhlenentzündung. Sie sind dann kopfscheu. Besonders auffällig ist, dass Verletzungen insgesamt sehr schlecht heilen und meist mit deutlich eitrig-entzündlichen Reaktionen einhergehen. An der Haut zeigen sich eitrige Pickel, Pusteln oder Flechten, krustige, klebrige, unangenehm riechende Ekzeme mit Schorfbildung.

Eine Salz-Therapie kann häufig mit einer äußerlichen Anwendung der angezeigten Salben sinnvoll kombiniert werden.

Verletzungen der Pferde an Sehnen und Gelenken heilen ausgesprochen schlecht und können eher zu Chronizität führen. Alle lang anhaltenden entzündlichen Erkrankungen des Bewegungsapparates sollten die Gabe von Salz Nr. 12 rechtfertigen, da bei Mangel eine Neigung zu Knochenbrüchen und auch Weichteilrheumatismus bestehen kann. Überbein! Knocheneiterung!
Eine Verschlimmerung der Symptome zeigt sich deutlich bei feuchtkaltem Wetter mit Zugluft. Starke Temperaturschwankungen wie große Hitze oder starke Kälte sind ebenso nachteilig. Ein ausgeglichenes Klima bei stabilen Wetterverhältnissen wirkt sich günstig aus, sowie alle Maßnahmen zur Kräftigung des Organismus. Dazu gehören auch Nahrungsergänzungsmittel, Vitamine, Mineralstoffe usw., vor allem auch zur Leberunterstützung, denn hier soll die Entgiftung des Körpers unterstützt werden.
Bei jungen Tieren und Fohlen zeigt sich der Mangel an Nr. 12 durch Knochendeformationen, Knorpeldefekte und Wachstumsschäden.
Gehäuft treten auch Entzündungen der Zähne und des Zahnfleisches mit Zahnfleischbluten oder so genannten »stinkenden Zähnen« auf, die Drüsen sind verhärtet und gestaut, die Mandeln entzündet.
Bei Stuten beobachtet man vielfach Entzündungen von Gebärmutter, Eierstöcken und Eileiter. Diese Entzündungen führen häufig

zu Unfruchtbarkeit oder bei Aufnahme zum Absterben des Embryos. Verfohlen ist die Folge. Bei Hengsten führt die Entzündung der Geschlechtsorgane oftmals zur Sterilität.

Merke: ***Interessant ist zu beobachten, dass sich Pferde, denen das Salz Nr. 12 fehlt, zielsicher die dreckigste Stelle zum Wälzen aussuchen, meist sogar noch alte Pfützen. Sie baden gerne in kaltem Gewässer.***

Psychischer Aspekt

Hier handelt es sich um das hyperaktive Pferd, welches auf der Wiese ständig Streit mit anderen sucht und durch die ständig wechselnden Launen, mal aggressiv, mal ängstlich für den Menschen unberechenbar wird. Dieses Pferd hat nur eine Bezugsperson, die es an sich heran lässt. Es kann nicht still stehen. Hufe auskratzen ist fast unmöglich, da es sich ständig rumdreht, das Bein nicht hochhalten möchte und den Unmut so manchen Hufschmieds erzeugt. Wird es gestraft oder lautstark gemaßregelt, reagiert es höchst ängstlich, zittert, kann aber auch im nächsten Moment wieder sehr aggressiv werden. Dieses Pferd ist schwierig zu reiten, da es sehr unkonzentriert und unruhig ist. Gelassener Schritt, Trab oder Galopp sind fast unmöglich, immer will es mehr, obwohl es sich kaum auf die Hilfen konzentriert. Unruhe und ständiges Vorwärtsdrängen sind seine Devise.

Der Einsatz von Sporen und Gerte kann nur mit äußerster Behutsamkeit geschehen, denn wenn das Pferd eine Bestrafung damit verbindet, kann es recht aggressiv (deutliches Treten nach dem Sporen oder starkes Buckeln) oder ängstlich (plötzliches Stehen bleiben oder Steigen) reagieren. Diese Pferde sind nicht gerne allein in der Bahn und bleiben nur sehr ungern allein auf dem Hänger. Hat das Pferd ein anderes Pferd als seinen Partner auserkoren, will es keinesfalls ohne diesen Partner auf die Wiese, in die Bahn oder auf den Hänger. Diese Pferde kleben dann regelrecht an dem anderen Tier. Bleiben sie allein, reagieren sie mit allen möglichen Unarten, treten gegen die Wand, bis es zu starken Verletzungen kommt. Sie scheuern, beißen sich selbst (Selbstverstümmelung), fangen an zu weben oder zu koppen.

Salz-Nr.-12-Pferde sind auch die Tiere, die Fremden im Stall mit angelegten Ohren unverhältnismäßig drohen und auch beißen. Oder aggressiv bei Trennung von Pferdefreunden durch Stallwechsel bzw. Wiesenverlagerung reagieren. Es sind aber auch die Stuten, die ihre Fohlen übermäßig abkehren und aggressive Verteidigungsstrategien an den Tag legen und selbst langjährige Betreuer angreifen bzw. besonders aggressiv nach Absetzen des Fohlens reagieren.

Verschlechterung: nasskalte Witterung und zu warme Stallluft

Verbesserung: Weidegang, trockenes Wetter

Äußere Erscheinung

Nervöses, ungeduldiges, eher schlankes Pferd mit stetigen Infektionen und schlecht heilenden Wunden. Häufig Hufdeformationen oder Knochendeformation.

Erfahrungsbericht

Untypische Aggression

6-jährige Fuchsstute, Mutter hannoveranische Staatsprämienstute, Vater Vollblut. Das Pferd wurde bisher erfolgreich in Dressurprüfungen eingesetzt. Es ist entsprechend gut bemuskelt und war selten krank. In der Vergangenheit waren bisher keinerlei Probleme aufgetreten. Die Haltung und Fütterung ist artgerecht. Die Stute darf täglich auf die Weide und hat Kontakt zu Artgenossen. Sie ist friedfertig, lernwillig und intelligent.

Die Stute erscheint bei der Vorstellung eher schlank, ein wenig eingefallen und ihr Fell wirkt etwas stumpf. Die Besitzerin erzählt, dass sie zunehmend unwillig und ängstlich ist und sich mitunter unverständlich aggressiv zeigt. Sie beißt plötzlich beim Aufsatteln oder schlägt auch manchmal kurz, aber nicht heftig aus, wenn man ihre Hufe auskratzen will.

Dies wird auch in der Untersuchung deutlich. Sie will sich nicht gerne untersuchen lassen und bleibt beim Abtasten und bei der Huf-, Sehnen- und Muskelkontrolle unberechenbar. Am Hals hatte sich nach einer Blutentnahme eine starke Schwellung gebildet. Aus dieser Schwellung entstand dann eine deutliche Beule, aus der sich eines Tages zäher stinkender Eiter ergoss. Hier hatte sich nun ein Abszess gebildet und die Venen an dieser Seite waren blockiert, sodass diese insgesamt deutlich sichtbar hervortraten. Dieser Abszess bestand jetzt schon einige Zeit und trotz Antibiotika und Spülung war er nicht in den Griff zu bekommen.

An dieser Stelle sollte eine Schüßler-Therapie die Behandlung unterstützen.

Empfohlen wurde der Einsatz von Nr. 12 (wichtiges Reinigungsmittel, Regenerationsmittel und der sogenannte Joker) in einer Dosis von dreimal 20 Tabletten täglich über mindestens zwei bis drei Wochen.

Zusätzlich die Mischung der Nrn. 6 (Leberentgiftung und chronische Entzündung), 10 (Entgiftung und Regeneration) und 11 (fördert Reifung und Resorption von Eiter).

Von dieser Mischung sollten zweimal täglich 10 Tabletten dazu verabreicht werden – dies über mindestens zwei bis drei Wochen. Außerdem sollten täglich um das Areal des Abszesses die Salben Nr. 10 und 12 aufgetragen werden.

Nach drei Wochen wurde die Stute vorgestellt. Das Allgemeinbefinden war schon etwas besser, das Fell zeigte wieder mehr Glanz und das Pferd wirkte nicht mehr so gestresst. Der Abszess hatte sich deutlich zurückgebildet, es bestand keine Schwellung mehr und es kam nur noch ein wenig wässrige Flüssigkeit heraus. Leider waren die deutlich hervorgetretenen Venenabschnitte immer noch stark sichtbar. Wir rieten daher zu folgender Maßnahme:

Weiterführung der Gabe von einer Mischung aus den Nrn. 10 und 11 in einer Dosis von zweimal täglich ca. 15 Tabletten sowie von zweimal 5 Tabletten der Nr. 12 separat dazu. Von außen sollte die Salbe Nr. 3 eingesetzt werden. Diese sollte natürlich auch auf das umgebende Gewebe gebracht werden.

Für ein Dressurpferd mit diesen sichtbar geschwollenen Venen ist die Stellung im Genick

schwer möglich. Diesem Problem wurde dann nach Beendigung der oben beschriebenen Schüßler-Salz-Therapie mit folgenden Salzen begegnet:
Nr. 4 (Schwellung der Gewebe) und Nr. 6 (zelluläre Entgiftung und Ausscheidung, venöser Bezug) und eventuell Nr. 2 als Restaurationsmittel.
Die Salze wurden gemischt und über einen sehr langen Zeitraum (kann bis zu einem Jahr sein) täglich zweimal 10 Tabletten verabreicht (bei Ponys entsprechend die Hälfte). Als Salbe sollten die Nrn. 1 und 4 im Wechsel mehrmals die Woche auf den gesamten Halsbereich aufgetragen werden.
Die Schwellung der Vene ist zwar deutlich zurückgegangen, der Verlauf der Venen am Hals aber blieb immer erkennbar. Die Stellung im Genick ist nun aber leichter möglich.

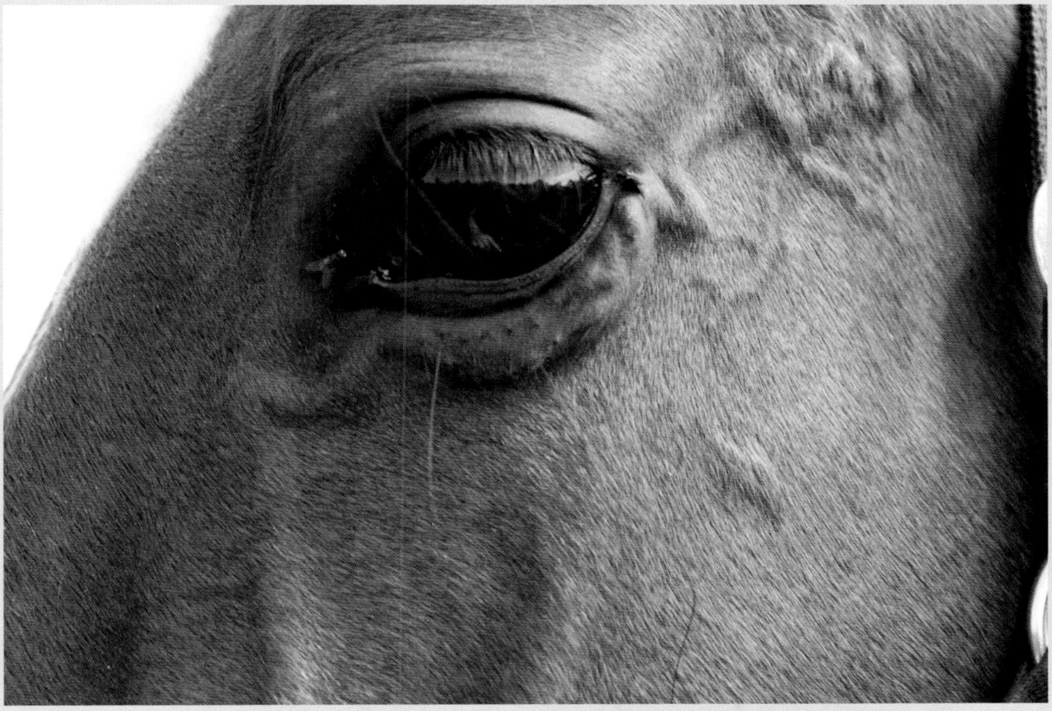

Geschwollene Venen nach Spritzenabszess an der Halsvene.

Erweiterungsmittel

Ich möchte nun noch kurz auf die so genannten Erweiterungsmittel hinweisen.
Dr. Schüßler beschränkte sich nur auf die von mir beschriebenen 12 Mineralsalze. Diese Salze sind auch meines Erachtens die entscheidenden bei der Schüßler-Therapie und für mich völlig ausreichend.
Es gibt aber Vertreter der Biochemie, die zu bedenken geben, dass es heute genauere Analyseverfahren gibt, die weitere Mineralstoffe nachweisen konnten. Es sind daher 12 weitere Mineralsalze in die Therapie aufgenommen worden, die als Nrn. 13 bis Nr. 24 bezeichnet werden.

Nr. 13 – Kalium arsenicosum D12

Hier besteht eine deutliche Verbindung zur Haut und damit einzusetzen bei allen schwer beeinflussbaren und chronischen Hautleiden mit starkem Juckreiz. Zur Unterstützung bei allen Erschöpfungszuständen, Erkrankungen des Verdauungstraktes und wasserartigen Durchfällen, wie auch bei Neuralgien, Lähmungen und Krämpfen.

Nr. 14 – Kalium bromatum D12

Durch den Bezug zum Nervensystem findet das Salz bei allen nervösen Beschwerden Anwendung. Bei Schilddrüsenfunktionsstörungen, nervöse Unarten und Unruhe bis hin zur Hysterie kann das Salz zusätzlich eingesetzt werden.

Nr. 15 – Kalium jodatum D12

Hier besteht auch eine wichtige Beziehung zur Schilddrüsenfunktion, wobei darüber hinaus auch auf den Blutdruck, die Herz- und Gehirntätigkeit und den Stoffwechsel eingewirkt werden kann. So wird der Appetit angeregt und die Verdauung gefördert.
Ältere Pferde können von Nr. 15 profitieren, da die Funktionen der genannten Organe unterstützt und die allgemeinen Aktivitäten gesteigert werden können.

Nr. 16 – Lithium chloratum D12

Lithium ist allgemein im Einsatz bei schweren nervlichen Belastungen des Menschen bekannt.
Ebenso soll es bei allen Harnwegsinfekten zur Erreichung der gewünschten Wirkung der Schüßler-Hauptmittel unterstützend eingesetzt werden.

Nr. 17 – Manganum sulfuricum D12

Eine Kombination mir dem Hauptmittel Nr. 3 Ferrum-phosphoricum D 12 soll die Ergänzung zur Wiederherstellung aller Erschöpfungszustände sein, vor allem zur maßgeblichen Unterstützung bei Blutarmut. Auch bei Durchblutungsstörungen und Kreislaufproblemen in Verbindung mit Nr. 3 kann das Salz Nr. 17 zum Einsatz kommen. Erfahrungsgemäß sollte das Verhältnis der Tabletten von Nr. 3 zu Nr. 17 zehn zu eins sein.

Nr. 18 – Calcium sulfuratum D12

Es ist ein noch sehr wenig bekanntes Salz. Es ist in der Literatur beim Einsatz lediglich von einer Zusatzgabe bei starkem Gewichtsverlust und Erschöpfungszuständen sowie eitrigen Hauterkrankungen die Rede.

Nr. 19 – Cuprum arsenicosum D12
Zur Unterstützung des Schüßler-Salzes Nr. 7 wird es bei allen Krämpfen und Koliken, vorwiegend im Magen-Darm-Trakt sowie im Harnsystem eingesetzt.

Nr. 20 – Kalium aluminium sulfuricum D12
Auch bei diesem Salz findet man einen Bezug zum vegetativen Nervensystem (Magen/Darm/Blase/Niere).

Nr. 21 – Zincum chloratum D12
Dieses Salz findet Anwendung bei allen Problemen, die mit Juckreiz, nervöser Unruhe und Überreizung einhergeht.

Nr. 22 – Calcium carbonicum D12
Dieses Salz ist vor allem bekannt als ein wichtiges Konstitutionsmittel in der klassischen Homöopathie. Es wird gerne bei chronischen Krankheiten, Erschöpfungszuständen und in der Rekonvaleszenz angewendet.
Alle Erkrankungen, die mit dem lymphatischen System zusammenhängen, wie die oberen und unteren Luftwege und alle Schleimhauterkrankungen, vor allem die, die schon lange bestehen.

Nr. 23 – Natrium bicarbonicum D12
Es kann zur Unterstützung bei Übersäuerung und bei allen Erkrankungen, die mit Säurebelastungen des Körpers einhergehen (chronische Entzündungen), angewendet werden. Ebenso wird über positive Resultate bei Diabetes mellitus und deren Folgeschäden berichtet.

Nr. 24 – Arsenum jodatum D12
Man sagt diesem Salz eine Wirkung bei allen allergischen Haut- und Atemwegserkrankungen nach sowie bei chronischen Entzündungen der Schleimhäute (lymphatisches System).

Äußere Anwendung von Schüßler-Salzen

Nr. 1: Calcium-fluoratum-Salbe
Rissige Haut (Mauke), eiternde Fisteln, Eiterungen und Warzen heilen durch häufiges Eincremen schneller aus. Drüsenverhärtung, für Narbengewebe, Bänder- und Sehnenschwellungen (hier auch Umschläge mit den Salben). Zur Unterstützung des Heilungsprozesses.

Nr. 2: Calcium-phosphoricum-Salbe
Bei Überbeinen und Auswüchsen, zur Unterstützung der Knochenheilung. Bei chronischen Ekzemen mit gelblich-weißer Absonderung und Krustenbildung, Muskelverspannungen.

Nr. 3: Ferrum-phosphoricum-Salbe
Erste-Hilfe-Mittel bei Prellungen, Quetschungen, Schürfungen, Verstauchungen, auch als Umschlag.
Bei Entzündungen, wenn Rötung, Schwellung, Brennen und Druckempfindlichkeit auftreten, bestens zur Wundheilung (als Pulver auf die betroffenen Stellen streuen).

Nr. 4: Kalium-chloratum-Salbe
Mittel der zweiten Entzündungsphase, einsetzbar bei Schwellungen durch Entzündungen, Insektenstichen oder Verletzungen. Schuppenflechte, mehlartige Hautausschläge, Umschläge bei Sehnenschwellung.

Nr. 5: Kalium-phosphoricum-Salbe
Bei eitriger nesselausschlagsartiger Hautinfektion, schlecht heilenden Wunden und Geschwüren, Gewebequetschungen, Hautirritationen mit übel riechender Absonderung, nervösem Hautjucken, bei Nervenschmerzen und Rückenverspannungen, auch als Massagesalbe, bei Muskelkrämpfen, Lähmungen oder durch Überanstrengung entstandene Bewegungseinschränkungen.

Nr. 6: Kalium-sulfuricum-Salbe
Mittel der dritten Entzündungsstufe, einsetzbar bei Hautjucken; rheumatischen Rücken-Glieder-Schmerzen im Genick, auf der Kruppe, Hautveränderungen mit Eiterbläschen, bei Nasenentzündungen, chronischer Lidrandentzündung, bei Hautproblemen wie Schuppen, Ekzemen, allen Oberhautveränderungen.

Nr. 7: Magnesium-phosphoricum-Salbe
Reduziert Muskelspannungen, z. B. bei nervösem Hautjucken, Nervenschmerzen, durch nervliche Überlastung bedingte Hautaffektionen (blutig gekratzte Hautpartien, die sich entzünden können).

Nr. 8: Natrium-chloratum-Salbe
Reguliert den Flüssigkeitshaushalt, in Phasen von Bläschenbildung, bei wässrigen Hautabsonderungen, bei trockenen Ausschlägen mit weißlichen Schuppen, Hautpilzerkrankungen. Bei nässenden Hautausschlägen ist die Anwendung der Salbe wegen des Fettgehaltes nicht sinnvoll. Hier haben sich Umschläge mit aufgelöstem Tablettenbrei auf die Hautstellen bewährt.

Nr. 9: Natrium-phosphoricum-Salbe
Bei Sehnenproblemen hat sich die Anwendung in Verbindung mit Kalium-chloratum- und Silicea-Salben bewährt. Einsetzbar bei Furunkeln, Drüsenschwellung, Schwellung der Talgdrüsen, rheumatischer Schwellung der Gelenke.

Nr. 10: Natrium-sulfuricum-Salbe
Bewährt bei Hautausschlägen mit grünlich-gelblichen oder grünlich-eitrigen Absonderungen, Hautpilzerkrankungen, Nervenschmerzen. Bei Schnupfen wenig in Nasenöffnung geben.

Nr. 11: Silicea
Wird auch als Nährcreme für Haut und Bindegewebe eingesetzt. Bei trockener Haut, Pilzbefall der Haut, schmerzhaftem Narbengewebe, Schmerzen der Wirbelsäule, schmerzhafter Bewegungseinschränkung. Bei Abszessen, Geschwüren, Furunkeln, Eiterpusteln etc.

Grundsätzlich ist die äußere Anwendung nicht nur durch die Salben möglich. Bei empfindlicher Haut, die vielleicht schon des Öfteren allergische Reaktionen auf Salben zeigte, hat sich auch die Abwendung mithilfe eines Umschlages oder eines Wickels bewährt.

Die wichtigsten Einsatzmöglichkeiten

Die wichtigsten Einsatzmöglichkeiten

In diesem Kapitel möchte ich die wichtigsten Einsatzgebiete der Schüßler-Salze aufzeigen und einige erfahrungsgemäß sinnvolle Mineralsalzgaben vorschlagen
Ich möchte auch hier nochmals betonen, dass alle Angaben von mir vor dem Hintergrund der jahrzehntelangen Erfahrung bei der Behandlung von Mensch und Tier nach bestem Wissen und Gewissen gemacht wurden. Diese Empfehlungen erheben natürlich keinen Anspruch auf alleinige Gültigkeit und Wirksamkeit, jedoch haben mich die vielen positiven Reaktionen meiner Patienten überzeugt. Die Dosisangaben bei den einzelnen Anwendungsgebieten richten sich zur Vereinfachung nach dem Gewicht eines normalen Warmblüters (ca. 500 kg).
Bitte achten Sie unbedingt auf die Dosierungstabelle, die Gewichtsangaben und die dazugehörigen Mengenempfehlungen im gesonderten Kapitel. Die Dosierung muss von Ihnen immer individuell auf Ihr Pferd abgestimmt werden.

Die zwölf Schüßler-Salze im Überblick

Nr. 1	Calcium fluoratum
Nr. 2	Calcium phosphoricum
Nr. 3	Ferrum phosphoricum
Nr. 4	Kalium chloratum
Nr. 5	Kalium phosphoricum
Nr. 6	Kalium sulfuricum
Nr. 7	Magnesium phosphoricum
Nr. 8	Natrium chloratum
Nr. 9	Natrium phosphoricum
Nr. 10	Natrium sulfuricum
Nr. 11	Silicea
Nr. 12	Calcium sulfuricum

Gesunderhaltung der Stute

Rosse

Stuten sind meist etwas schwieriger im Umgang als Wallache, denn die alle drei Wochen auftretende Rosse und die damit verbundenen Hormonveränderungen während des Zyklus können auch die psychische Stabilität der Stute beeinflussen. Während der Rosse kann die Stute beim Reiten »kitzelig« sein und Schenkelhilfen nicht gerne annehmen oder sogar abwehren. Der Gebrauch von Sporen und Gerte ist bei manchen Tieren in dieser Zeit überhaupt nicht möglich. Meist dulden diese Stuten auch keine anderen Pferde in ihrer unmittelbaren Nähe, und ein Reiten in der Halle gemeinsam mit vielen anderen Pferden kann manchmal recht stressig werden – sowohl für den Reiter als auch für seine Stute.
Es kann auch sehr unangenehm sein, wenn Stuten beim Anblick eines Wallachs oder Hengstes sofort »rossen« (Ablassen von Flüssigkeit aus Blase und Scheide oder »blitzen«, d.h. anhaltendes Öffnen der Vulva und erneute flüssige Schleimabsonderung).
Stuten, die eine erhebliche Rosse zeigen, sollten über einen Zeitraum von etwa 6 Monaten eine Mischung aus den Nrn. 2, 5 und 11 erhalten. Geben Sie die Salze zu gleichen Teilen in eine Dose, und schütteln Sie sie vorsichtig. Von dieser Mischung geben Sie der Stute wenn möglich morgens und abends je 5 bis 10 Tabletten.

Trächtigkeit

Für eine gesunde Stute stellt die Zeit der Trächtigkeit keine große Belastung dar. Es hat sich gezeigt, dass bis zum letzten Drittel der Trächtigkeit auch der normale sportliche Einsatz möglich ist. Es schadet nicht, eine bewegungsfreudige Stute bis etwa ein bis zwei Monate vor der Geburt in mäßigem Rahmen zu longieren oder zu reiten. Bis zur Geburt sollte grundsätzlich auf ausreichende Bewegung (z. B. Weidegang oder Aufenthalt im Paddock) geachtet werden. Die Bewegung sorgt für eine entsprechende Durchblutung und wirkt vorbeugend gegen Wasseransammlungen, die häufig in den letzten Wochen der Trächtigkeit auftreten und sich in Form von Schwellungen der Beine bemerkbar machen.

Geht man von einer normalen Trächtigkeit aus, sollte die Stute schon zu Beginn die Salze Nr. 1, 2 sowie 5 erhalten.

Nochmals zur Erklärung, warum die Eingabe dieser Salze schon zu Beginn der Trächtigkeit sinnvoll sein kann:

Das Schüßler-Salz Nr. 1 benötigt die tragende Stute zur Unterstützung des Wachstums und der Entwicklung des ungeborenen Fohlens.

Nr. 1: Die trächtige Stute benötigt zur Unterstützung des Wachstums und der Entwicklung des ungeborenen Fohlens sowie zur Vorbereitung auf die Geburt die 1. Zusätzlich sorgt das Salz für die Elastizität der Geburtsöffnung und für die Regulierung des Milchflusses.

Nr. 2: Diese Nummer wird eingesetzt für Neu- und Aufbauprozesse von Blut, Eiweiß und Zellen – sowohl für die Stute (Palzenta etc.) sowie für das Fohlen.

Nr. 5: Große Bedeutung hat die ausreichende Gabe dieses Salzes bei tragenden Stuten und Stuten, die gerade abgefohlt haben. Zum einen kann die ausreichende Gabe von Nr. 5 hilfreich sein, wenn es zu der gefürchteten Geburtsrehe kommt, die durch die Zerfallsgifte von Nachgeburtsteilen oder Sekreten verursacht wird, die sich über den Blutkreislauf verbreiten. Dies führt dann zu sehr schmerzhaften entzündlichen Veränderungen der Huflederhaut und letztendlich zu Deformationen der Hufe. Fütterungsfehler durch zu viel Eiweiß im Kraftfutter verstärken dieses Problem und sollten den Stoffwechsel nicht noch zusätzlich belasten.

Zum anderen benötigt die tragende Stute für die Neubildung der Zellen des Fötus unbedingt Kalium phosphoricum. Außerdem können Stuten bei Mangel an diesem Mineral mit Entzündungen der Vagina reagieren. Es empfiehlt sich, das Salz auch nach der Geburt zur Rekonvaleszenz einzusetzen.

Zusätzlich können noch verschiedene andere Salze eingegeben werden, die gezielt auf den Zustand der tragenden Stute eingehen.

Zum Beispiel:
Nr. 8: reguliert den Wasserhaushalt und beugt so Ödembildung vor. Sind bereits Ödeme aufgetreten, sorgt dieses Salz für das Abschwellen und die Regulation.
Nr. 7: Tragende oder kurz vor der Geburt stehende Stuten haben einen erhöhten Bedarf an Magnesium, zum einen, da die psychische Anspannung vor und während der Geburt eine Stute belasten kann, zum anderen wird Magnesium benötigt, um die Wehentätigkeit zu unterstützen. Auch bei einer drohenden Frühgeburt, die sich bei der Stute durch starke Unruhe, Anschwellen der äußeren Genitalien, Drängen, Scheidenausfluss, starkes Schwitzen am Hals und im Lendenbereich bemerkbar macht, ist zum Einsatz von Salz Nr. 7 zu raten.
Während der Trächtigkeit hat sich die kontinuierliche Gabe von einmal täglich 10 Tabletten der oben genannten Mischung bewährt. Treten dann einige genannte Probleme verstärkt in den Vordergrund, kann auch das entsprechende Einzelsalz in der Dosierung erhöht werden, bis es zur Besserung kommt.

Man bedenke auch die Nr. 12

Stuten, die ihr Fohlen übermäßig abkehren, aggressive Verteidigungsstrategien an den Tag legen, selbst langjährige Betreuer angreifen oder besonders aggressiv und unverhältnismäßig auf das Absetzen des Fohlens reagieren, sollten Nr. 12 erhalten.

Tipp

Geben Sie Ihrem Pferd zweimal wöchentlich 20 Tabletten von Salz Nr. 3. Es ist sinnvoll, dieses Salz um die Mittagszeit zu sich zu nehmen, während die anderen Salze der Mischung morgens verabreicht werden.

Grundsätzlich hat sich für uns bewährt, zusätzlich zu den »Trächtigkeits-Salzen« auch immer sporadisch das Salz Nr. 3 zu geben. Es dient zur Stärkung der Abwehrkräfte, verbessert die Durchblutung und die Eisenbildung.

Die Geburt

Merkt eine Stute, dass die Geburt ihres Fohlens kurz bevorsteht, wird sie sich vom Herdenverband absondern. Diese instinktive Verhaltensweise behält auch die Stute bei, die ihr Fohlen im Stall zur Welt bringen muss. Erst, wenn Ruhe im Stall eingekehrt ist, also in der Regel nachts, werden die meisten Fohlen geboren. Ungeduldige Besitzer, die ständig nach ihrem Pferd schauen, werden vielfach enttäuscht. Stuten sind in der Lage, den Geburtsvorgang so lange zurückzuhalten, bis sie wirklich Ruhe haben. Ein angespannter Besitzer ist hier ein erheblicher Stressfaktor für die Stute und auch im Nachfolgenden für das Fohlen. Vertrauen sie hier immer erst auf die instinktive Verhaltensweise der Stute und eine natürliche Geburt.

Tipp für Besitzer tragender Stuten

Um die eigene Ungeduld in den Griff zu bekommen, rate ich dem Pferdebesitzer zur Einnahme des Salzes Nr. 5. Beginnen Sie mit der Einnahme einige Tage vor der zu erwartenden Geburt.

Die Stute bekommt zur unmittelbaren Geburtsvorbereitung eine Mischung aus den Nrn. 5, 7 (auch bei Wehenschwäche angezeigt) und 11. Sie beginnen mit der Verabreichung, wenn Sie eine deutliche Euterbildung mit Tropfen der Vormilch feststellen. Meist wird die Geburt dann noch ein bis zwei Tage auf sich warten lassen. Geben Sie der Stute eine Viertelstunde nach dem Füttern von dieser Mischung 10–15 Tabletten. Unterlassen Sie die mehrmalige tägliche Gabe, um das Tier nicht andauernd zu stören.

Nach der Geburt
hat es sich bewährt, die Salze Nr. 1, 3 und 11 zur Rückbildung der Gebärmutter zu geben.

Zu wenig Milch
Hier kann es sinnvoll sein, die Nrn. 4 und 8 einzusetzen. Man gibt der Stute von jedem Salz drei- bis viermal täglich 4 Tabletten.

Zu viel Milch
Bei Stuten mit Mangel an Nr. 10 kommt es häufig zu überschießender Milchproduktion.

Euterentzündung
Vereinzelt tritt bei säugenden Stuten eine sehr schmerzhafte Schwellung des Gesäuges auf. Diese Entzündung entsteht häufig durch Eindringen von Bakterien und ist meist einseitig. Das Fohlen wird von der Stute nicht mehr ans Euter gelassen. Auch der Besitzer wird davon abgehalten, selbst wenn er versucht, eine abschwellende Salbe aufzutragen.

Die Stute, die durchaus bei der Euterentzündung auch mit Fieber reagieren kann, sollte eine Mischung aus den Schüßler-Salzen Nr. 3, 9 und 12 bekommen. Geben Sie dem Pferd mehrmals täglich 5 – je nach Schwere der Entzündung – bis zu 10 Tabletten. Dabei kann die nervliche Situation durch die Gabe von Nr. 5 (3–6 Tabletten zweimal täglich) verbessert werden.

Ähnlich wie bei der Euterentzündung können alle Entzündungen der Geschlechtsorgane durch die Gabe von Nr. 3 (auch Fiebermittel, siehe dazu die Salzbeschreibung), Nr. 12 sowie Nr. 10 (siehe Salzbild) positiv beeinflusst werden.

Merke

Unbedingt beachtet werden sollte, dass diese Entzündungen durch einen Tierarzt abgeklärt und die entsprechenden veterinärmedizinisch notwendigen Maßnahmen durchgeführt werden

Unfruchtbarkeit

Warum eine Stute nicht aufnimmt, kann viele Gründe haben. Hier auf Einzelheiten einzugehen, würde den Rahmen sprengen und ist immer individuell von einem erfahrenen Schüßler-Fachmann zu begleiten.
Allgemein wird die Gabe folgender Mischung empfohlen, wenn eine Stute nicht aufnehmen will:
Nrn. 3 und 12. Pro Salz werden 5–8 Tabletten zweimal täglich über mindestens drei Monate verabreicht. Die Behandlung kann, wenn nötig, verlängert werden.

Verfohlen

Damit ist die frühzeitige Geburt eines unreifen, meistens toten Fohlens gemeint und bedeutet für die Stute in doppelter Hinsicht eine Belastung. Einmal auf physischer Ebene durch die Umstände einer Geburt und auf psychischer Ebene durch das tote Fohlen.
Es ist erschütternd, wenn man sieht, wie eine Stute ihr totes Fohlen zum Aufstehen zu bewegen versucht oder gar abkehrt und schützt.
Das Verfohlen hat verschiedene Ursachen. Der vorzeitige Geburtsvorgang kann durch einen Sturz und die daraus resultierenden Verletzungen ausgelöst werden, durch mechanische Einwirkungen von außen wie einen Stoß oder aber auch, wenn das Fohlen Anomalien aufweist. Nicht zu vergessen ist, dass die Stute selbst durch psychische Belastung und Instabilität einen Geburtsvorgang auslösen kann. Hierbei können natürlich die unterschiedlichsten Hormone eine entscheidende Rolle spielen. Es ist sinnvoll, die Stute hier mit Schüßler-Salzen zu begleiten.

Folgende Salze haben sich bewährt:
Nrn. 1, 3 und 5. Die Nr. 5 sollte nach dem Verfohlen der Stute in höherer Dosis (siehe Dosierhinweise) mehrmals täglich zugeführt werden.
Zusätzlich kann die zweimalige Gabe von jeweils 10 Tabletten des Salz Nr. 7 am ersten Tag die positive Wirkung noch unterstützen.
Zur Bindegewebsstärkung und auch zur Stärkung der Psyche könnte der Einsatz der Nr. 11 zwei Wochen nach Verfohlen hilfreich sein.

Der Hengst

Hengste erfreuen sich mittlerweile großer Beliebtheit, nicht nur im Leistungssport, sondern immer mehr auch bei Freizeitreitern. Vor allem Frauen entscheiden sich bei bestimmten Rassen vorwiegend für einen Hengst (PRE, Quarterhorses, Andalusier, etc.).
Da es sich bei der Unterbringung dieser Tiere in den seltensten Fällen um reine Hengstställe handelt, kommen diese Tiere unweigerlich auch mit rossenden Stuten in Kontakt. Manchmal bringt schon der Geruch einer rossenden Stute den Hengst in »Verzückung«, was zu Problemen führen kann. Hengste, die einen vermehrten Geschlechtstrieb haben oder nicht ausreichend erzogen wurden, sind dann nicht immer einfach im Umgang. Ein so genanntes »Flehmen« – Öffnen des Pferdemauls und zurückziehen der Oberlippe – verbunden mit unruhigem Umherlaufen im Stall, möglicherweise Ausfahren des Schlauches (Geschlechtsteil) und lautes

Wiehern etc. sind nur einige Zeichen eines natürlichen Verhaltens. Zeigt der Hengst diese Verhaltensweisen mehr oder weniger heftig, ist dies sowohl für den Hengsthalter, wie auch für den Hengst selber sehr belastend und nicht ungefährlich. So manch unbedarfte Hengstbesitzerin erkennt jetzt erst den Stress für sich und kann mit dieser Situation überfordert sein. Meist wird der Hengst für seine natürlichen Reaktionen bestraft, zurechtgewiesen und von Artgenossen abgeschirmt gehalten. Dass dies auch für den Hengst eine massive Stressbelastung bedeutet, ist nachvollziehbar.

Vermehrter Geschlechtstrieb

Es kann versucht werden, auf den vermehrten Geschlechtstrieb mit Schüßler-Salzen einzuwirken. Hier haben sich die Salze Nr. 2, 5, 6, 7, 8 und 11 bewährt. Man sollte in meinen bereits geschilderten Salzmangelzeichen (siehe die 12 Salze) noch einmal nachsehen, welche anderen Ähnlichkeiten auf die bestimmten Mangelbilder zusätzlich zutreffen, um sich dann für ein, zwei oder drei der genannten Salze zu entscheiden.

Hengste brauchen viel Bewegung, um Stress abbauen zu können.

Es sollte immer die zusätzliche Gabe der Nrn. 5 und 7 mindestens zweimal täglich 5–10 Tabletten je Salz vorgenommen werden.
Es braucht nicht erwähnt zu werden, dass die Haltung eines Hengstes mit oben beschriebenen Verhaltensweisen eine ausgesprochen ruhige und ausgeglichene, aber durchsetzungsfähige Hand braucht, eine besondere Haltung und eine verständnisvolle Stallgemeinschaft.

Kastration

Helfen alle Maßnahmen zur Beruhigung eines Hengstes wenig, so ist es unter Umständen sinnvoll, eine Kastration vornehmen zu lassen. Die Entfernung der Hoden und die damit verbundene Veränderung im Hormonhaushalt lassen die Tiere ruhiger und ausgeglichener werden, und der Umgang mit ihnen ist wesentlich stressfreier. Bei den meisten unserer Warmblüter wird die Kastration im Alter von ca. 12 Monaten vorgenommen. Ich empfehle, die relativ unkomplizierte Operation nicht in einem engen Stall durchführen zu lassen, sondern auf der Weide. Bei Pferden, die nach der OP Auslauf und Bewegung haben, bleiben Schwellungen und Entzündungen meist aus oder treten nur selten auf. Zur Vorbereitung auf eine Kastration kann man dem Pferd ein paar Tage vorher zwei- bis dreimal täglich je eine Tablette der Salze 3 und 5 verabreichen
Nach der Operation gibt man dem Pferd zur Nachsorge die Salze Nr. 2 und 11, wobei

sich die fortführende Gabe von Nr. 3 und 5 bewährt hat. Man sollte die Salze unbedingt noch 3–4 Wochen weitergeben, allerdings kann dann je nach Zustand des Tieres die Dosis verringert werden. Für die Ausleitung der Giftstoffe (von Narkose und/oder Schmerzmittel) hat sich die Gabe von Salz Nr. 10 bewährt, einmal täglich 10 Tabletten. Man beginnt damit ein paar Stunden nach der Operation. Außerdem werden so alle Ausscheidungsvorgänge allgemein angeregt und unterstützt.

Tritt eine Schwellung des umgebenden Gewebes nach der Kastration auf, hat sich die Gabe von Salz Nr. 8 als sinnvoll erwiesen. Es wird dem Pferd mehrmals täglich verabreicht. Außerdem kann man auf das umgebende Gewebe der Operationsstelle, wenn das Pferd es zulässt, auch die Salben Nr. 3 und 8 auftragen. (Achtung: Nicht auf die Wunde selbst auftragen!)

Kommt es immer wieder zu einer Eiterung der Kastrationswunde, die vom Tierarzt immer abgeklärt werden muss, ist zusätzlich die Salbe Nr. 12 vorsichtig aufzutragen. Es ist ganz wichtig, hier das Salz Nr. 12 in einer Dosis von 10 Tabletten einzugeben. Sie werden mehrmals täglich für ein bis zwei Wochen gegeben. Kleinere Tiere erhalten eine entsprechend geringere Menge.

Fohlen und junge Pferde

Ein Fohlen braucht natürlich als Allererstes unbedingt die Vormilch (Biest- oder Kolostralmilch). Diese enthält die fürs Fohlen wichtigsten Abwehr- und Vitalstoffe. Ein Fohlen, das gesäugt wird, braucht keine Nahrungsergänzungsmittel. Wichtig ist, dass die Tiere zusätzlich ausreichende Bewegung und Spielgefährten erhalten.

Nachfolgend wird aufgeführt wie sich Symptome eines Mineralsalzmangels (Mangelzeichen) beim Fohlen äußern können und was ihnen zur Vorbeugung gegeben werden kann.

Mangelzeichen

Nr. 1:

Alle Fohlen sollten während der Wachstumsphase regelmäßig das Salz Nr. 1 für Knochen, Bänder und Sehnen, für die Haut und das Zahnwachstum bekommen.

Nr. 2:

Das Salz Nr. 2 ist bei Fohlen sinnvoll, die schnell wachsen, hochbeinig sind und insgesamt sehr mager und zartgliedrig aussehen. Oder bei Fohlen, die fast schon etwas ausgezehrt wirken und insgesamt in der Entwicklung hinterherhinken. Es kann zu Wachstumsschmerzen, Problemen bei Zahn- und Knochenbildung und zu einem Entwicklungsrückstand kommen. Viele Pferde zeigen sich sowohl in physischer als auch in psychischer Hinsicht als Spätentwickler, was unbedingt beim Einreiten und in der Ausbildung berücksichtigt werden muss. Hier ist der Einsatz der Nr. 2 besonders wichtig.

Nr. 3:

Sehr schwache Fohlen, die z.B. eine schwere Geburt hinter sich haben, wenig trinken und insgesamt schlechte Abwehrkräfte haben, brauchen die Nr. 3. Die Nr. 3 kann zur Anhebung des Eisenspiegels und zum allgemeinen Aufbau sinnvolle Hilfestellung leisten.

Nr. 4:
Nach Impfungen zeigen sich schnell eitrige Reaktionen an der Haut, der Impfstelle und möglicherweise am ganzen Körper. Hier empfiehlt sich die Nr. 4.

Nr. 5:
Bei Muskelschwäche und sich abzeichnendem schwächerem Muskelaufbau in der Entwicklungsphase des Fohlens und des Jungpferdes. Vorwiegend in der Phase der Ausbildung. Auch einzusetzen bei Turnierpferden.

Ein drei Monate altes Fohlen. Hier wären grundsätzlich die Salze Nr. 1, 2 und 3 sinnvoll.

Nr. 10:
Die Fohlen sind untergewichtig mit aufgeblähtem Bauch. Sie zeigen auch schon die beschriebenen unkontrollierbaren, übel riechenden Stühle. Vielfach sind diese Tiere stark verwurmt.

Nr. 11:
Ein schnelles Wachstum oder gar eine übermäßige Wachstumsförderung würde dem Organismus nicht die Zeit zur Festigung von Knochen und Bändern geben. Die Gabe von Silicea ist vor allem bei schnell wachsenden Fohlen von großer Bedeutung. Ein Mangel lässt sich recht gut durch Fehlentwicklung der Hufe (Bockhuf), zu weiche Knochen (Knochen- und Gelenkdeformation), Knorpelwachstumsverzögerung, Bänder- und Sehnenschwäche ausmachen.

Nr. 12:
Bei jungen Tieren und Fohlen zeigt sich der Mangel an Nr. 12 durch Knochendeformationen, Knorpeldefekte und Wachstumsschäden.

Um das gesunde Fohlen in der Entwicklungsphase zu unterstützen, die mit vielen neuen Eindrücken und Erfahrungen verbunden ist, lautet die allgemeine Empfehlung:
Schüßler-Salze Nr. 1, 2, 5, 11. Diese Salze zu gleichen Teilen mischen, von dieser Mischung einmal täglich 8 bis 10 Tabletten in einer Spritze auflösen und dem Fohlen über das Maul verabreichen.
Das mag am Anfang zunächst nicht so einfach sein, da ein Fohlen das nicht kennt. Bei behutsamer Vorgehensweise wird es früh-

zeitig »geprägt« und nichts Schlimmes mit der Verabreichung der Salze per Spritze ins Maul verbinden.

Sieht man von der allgemeinen Unterstützung des Fohlens mit den genannten Schüßler-Salzen ab und ergeben sich in dieser Zeit zusätzliche Probleme, so sollten die Salze der entsprechenden Symptome darüber hinaus verabreicht werden. Dabei ist es sinnvoll, die aktuellen Probleme verstärkt mit dem ausgesuchten Salz anzugehen und die allgemein unterstützenden Salze entweder solange auszusetzen oder nur einmal täglich zu verabreichen.

Bitte machen Sie auch die einzelnen psychischen Aspekte der Salze bei Ihrem Fohlen ausfindig. Ersetzen Sie sie ggf. durch allgemein aufbauende Salze für das Fohlen und Jungtier.

Impfung

Ein wichtiger Aspekt beim Heranwachsen des Fohlens ist die Impfung. Man kann sich darüber streiten, ob die vielen Impfungen wirklich sinnvoll sind. Vielen allergischen Erkrankungen werden als Ursache bestimmte Reaktionen des Körpers auf Impfungen nachgesagt. Fakt ist, dass manche Impfungen wohl ihre Berechtigung haben und einige nunmehr bei Pferden vorgeschrieben sind. Jeder Tierhalter sollte sich umfassend bei seinem Veterinärmediziner über die jeweilige Impfung aufklären lassen.

Um eventuell auftretende Impfreaktionen zu beeinflussen, stehen einige Salze zur Verfügung:

- Nr. 4 beim Auftreten von Knötchen an der Einstichstelle
- Nr. 7 gegen Juckreiz
- Nr. 8 bei allergischen Reaktionen mit Hautschwellungen und Wasseransammlungen (auch Salbenverwendung möglich)
- Nr. 10 für die Entgiftung und Ausleitung

Das Pferd in der Ausbildung

An dieser Stelle möchten ich mir einige Anmerkung nicht absprechen lassen. Es ist nicht immer leicht, das »goldene Mittelmaß« in der Ausbildung des Pferdes zu finden. Einerseits lebt ein Profistall von der Ausbildung junger Pferde. Heute sind die Besitzer teurer Pferde darauf bedacht, möglichst schnell eine gewisse Ausbildungsstufe zu erreichen. Andererseits – hier kann mir sicher niemand ehrlich widersprechen – geht es meist auf Kosten des Pferdes. Je schneller ein Pferd das gewünschte Ausbildungsniveau erreicht hat, umso höher ist sein Marktwert. Zeit ist also Geld, sowohl für den Besitzer wie auch für den Ausbilder. Sicher sind manche Pferde von ihrer psychischen und physischen Konstitution durchaus in der Lage, einen hohen Ausbildungstand in kurzer Zeit zu erreichen. Jedoch sind das meiner Meinung nach nur sehr wenige, die diesen Belastungen standhalten. Daher möchte ich allen Pferdebesitzern folgendes ans Herz legen: »Geben Sie Ihrem Pferd Zeit, und seien Sie sich über die Möglichkeiten und Grenzen einer Ausbildung unbedingt bewusst.«

Wurde das Fohlen, beziehungsweise das heranwachsende Pferd, bis zu dem Zeitpunkt des Ausbildungsbeginns im Alter von zirka zwei bis drei, im günstigsten Fall erst mit vier Jahren mit den empfohlenen Schüßler-Salzen versorgt, sollte man trotzdem einiges beachten.

In der Ausbildung steht nicht nur die richtige Entwicklung der Muskulatur für den späteren Einsatz als Freizeit- oder Sportpferd im Vordergrund, auch die geistige Entwicklung ist von besonderer Bedeutung. Wie schon erwähnt, kann ein Pferd durch sein Äußeres einen stabilen Eindruck machen. Die psychische Reife kann aber trotzdem deutlich hinter der körperlichen zurückliegen. Das kann sich dann beim Pferd in Unsicherheit, Nervosität und Ungehorsam festmachen. Es sind dann nicht Boshaftigkeit und Widersetzlichkeit, die etwa das Naturell des Pferdes kennzeichnen, sondern hier liegt eine Überforderung des Tieres vor.

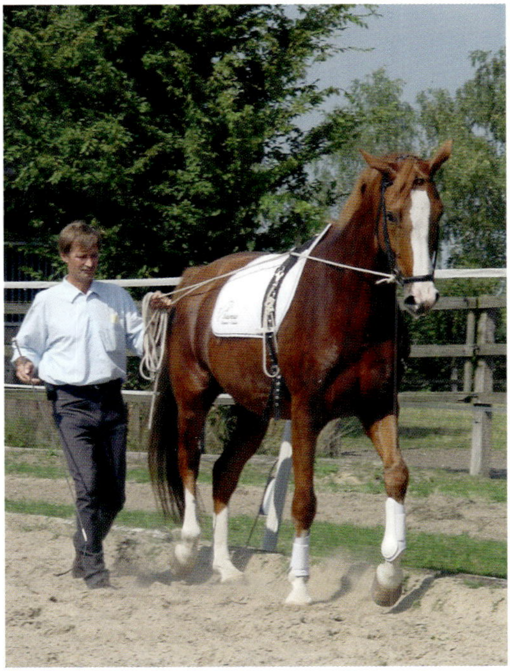

Arbeit an der Doppellonge: Ausbilder H.-J. Bergmann-Scholvien mit einem 6-jährigen Wallach.

Die Salze Nr. 1 und 2 – schon in der Bezeichnung als Wachstums- und Ausbildungssalz bewertet – sind für das Pferd jetzt sehr bedeutend. Hier hat es sich als positiv gezeigt, dem jungen Pferd in der Ausbildung (Remonte) täglich morgens und abends je 2–5 Tabletten der beiden Salze zuzuführen.

Die ungewohnte Belastung der Muskulatur führt in den Anfangsphasen der Ausbildung häufig zu Muskelkater. (Es handelt sich nach neuesten Untersuchungen hierbei um kleinste Risse in den Muskelfasern, durch die Flüssigkeit in die Fasern hineingelangt, was zu Ödembildung, verbunden mit Schmerzen führt.) Für die Behandlung des bereits bestehenden Muskelkaters sind die Salze Nr. 6, 8 und 10 angezeigt. Man gibt dem Pferd dann von der zusammengestellten Mischung dieser Salze drei- bis viermal täglich 2–5 Tabletten.

Will man dem Muskelkater vorbeugen, hat es sich bewährt, dem Pferd das Salz Nr. 3 ein paar Stunden vor dem Reiten in einer Dosis von ca. 5 Tabletten zu geben. Nach der Arbeit sollte man diese Dosis ebenfalls verabreichen. Am Abend gibt man dann sinnvollerweise von der oben genannte Mischung aus den Salzen Nr. 6, 8 und 10 die Dosis von ebenfalls 5 Tabletten.

Bei Muskelkater und den damit verbundenen Zeichen von Muskelschmerzen ist es wichtig, keinesfalls eine Bewegungspause einzulegen. Jetzt ist entscheidend, das Pferd zwar eingeschränkt, aber doch weiterhin zu bewegen. Die dadurch gewährleistete Durchblutung der Muskulatur bewirkt den Abbau der Wasseransammlung in den Muskelfasern und die Regeneration. Schmerzen verschwinden und nach ein paar Tagen ist die volle körperliche Einsatzfähigkeit wieder erreicht.

Das Turnierpferd

Wenn man mit seinem Pferd an Turnieren teilnehmen möchte, ist eins ganz wichtig: Reiter und Pferd müssen einander vertrauen.

Abgesehen von den vielen Vorbereitungen, die man für ein Turnier treffen muss, sind es gerade die zahlreichen neuen Eindrücke, die das Pferd (natürlich oftmals auch der Reiter) zu bewältigen hat. Es stehen hier nicht unbedingt die physischen Belastungen einer Turnierteilnahme allein im Vordergrund, sondern vielmehr die psychischen.

Die körperliche Anstrengung durch langes Abreiten und den danach folgenden Einsatz im Springen, in der Dressur oder auf der Vielseitigkeitsstrecke sind Ausnahmesituationen und können das Pferd mehr oder weniger belasten. Ein gut trainiertes, oft im Turniersport eingesetztes Pferd wird weniger Probleme haben, jedoch kann es auch bei diesen Pferden wie bei allen Neulingen oder weniger vorbereiteten Pferden zu starken Belastungen des Bewegungsapparates und der Muskulatur kommen. Zur Vorbeugung gegen Muskelkater können die bereits beschriebenen Salze dem Pferd gegeben werden.

Hier einige Aspekte bereits beschriebener Salze, die für das Turnierpferd sinnvoll sind:

Nach einem anstrengenden Tag auf dem Turnier fördert das Salz Nr. 3 die Regeneration.

Nr. 2:
Diese Pferde wollen nicht allein auf dem Hänger stehen, rufen ständig nach ihrem Partner und stellen alles an, um auf sich aufmerksam zu machen und aus dem Hänger zu kommen. Die übernervösen Tiere schwitzen schnell und stark.

Nr. 3:
Dieses Salz eignet sich vorzüglich nach allen anstrengenden körperlichen Leistungen wie etwa dem Turniereinsatz (Turnierpferde, die unverhältnismäßigem Stress ausgesetzt sind, oder die oben beschriebenen Jungpferde, mit denen zu viel zu früh gearbeitet wird).

Pferde, die nach Anstrengungen steif sind, einen klammen Schritt und Trab zeigen, nur lustlos mitarbeiten, wenig Konzentration und Antrieb zeigen benötigen dringend die Nr. 3. Hierbei sollte man eine tägliche Do-

sis von mindestens 10 Tabletten wählen, bei größerer Belastung auch bis zu 20.
Junge Pferde, die auf den sportlichen Einsatz vorbereitet werden, und im täglichen Training stehen, werden durch die Gabe von Salz Nr. 3 erheblich unterstützt.

Nr. 4:
Gerade bei Überanstrengung der Sportpferde oder bei Verletzungen durch den sportlichen Einsatz an Gelenken, Sehnen und Bändern, die sich meist erst nach drei bis vier Tagen nach dem akuten Ereignis einstellen, ist das Salz Nr. 4 in einer Dosierung von zweimal täglich 10 Tabletten über einen Zeitraum von mindestens 2 Wochen sinnvoll

Nr. 5:
Interessant ist die Wirkung dieses Salzes bei »nervigen Turnierpferden«. Die Pferde, die meist schon am frühen Morgen des Turniertages spüren, dass es aufs Turnier geht und entsprechend unruhig sind, sich nur schwer verladen lassen, im Hänger schon schwitzen, auf dem Abreiteplatz zwar noch einigermaßen gehen, in der Prüfung jedoch jedes Mal »Nerven zeigen«, sprechen meist auf die konsequente Gabe dieses Salzes sehr gut an. (Tipp: 2 Tage vor dem Turnier sollte die Dosis auf zweimal 10 Tabletten erhöht werden. Am Tag des Turniers morgens 20 Tabletten, mittags 10 und abends noch einmal 10 Tabletten).

Merke

Eine gute Kombination bei allen psychischen ***Dysharmonien*** *sind die Salze Nr. 5 und 7.*

.

Nr. 7:
Bei allen Stresssituationen, denen das Pferd ausgesetzt ist (z.B. Turnierteilnahme, Deckstation, für die Stute, für den Hengst und nicht zu vergessen auch für das Fohlen) ist das Salz Nr. 7 angezeigt.

Nr. 9:
Dieses Salz sollte gegeben werden bei deutlicher Steifheit am Morgen und nach intensivem sportlichem Einsatz. Besonders deutlich werden die Symptome bei Hitze.

Nr. 11:
Erfahrene Turnierpferde reagieren plötzlich völlig panisch auf wehende Fahnen, Applaus oder farbige Blumendekorationen am Viereck und an den Sprüngen. Fehlerfreies Reiten ist dadurch kaum möglich. Die Pferde zittern, sind verkrampft, zeigen keinen Schritt, ihre Nervosität zeigen sie auch durch Prusten. Mitunter sieht man weit aufgerissene Augen, wobei das Weiße im Auge überdeutlich erkennbar wird. Der Schweif ist extrem unruhig, das ganze Pferd äußerst angespannt und unkonzentriert. Auffällig ist die schreckhaft ängstliche Reaktion auf Licht und Lärm.
Das ist besonders bei Turnierpferden zu beobachten, die sich vor Kamerablitzen, extremem Lärm (können auch Hundegebell oder kreischende Kinder sein), unbekannten Geräuschen, Erschütterungen usw. erschrecken und dann plötzlich zur Seite springen.

Die psychischen Aspekte eines Mineralsalz-Defizits sind also bei außergewöhnlicher Belastung, wie hier bei Turnieren, besonders augenfällig. Lohnenswert ist jetzt der Versuch, dem Defizit durch konsequenten Einsatz des spezifischen Salzes oder der sinnvollen Kombination von genannten Salzen entgegenzuwirken und den Belastungen des Pferdes auf sanfte Weise zu begegnen.
Hat man das Salz identifiziert, das zu den genannten Symptomen der psychischen Aspekte seines Pferdes passt, beginnt man sofort mit der Verabreichung des Salzes in normaler Dosierung. Einige Tage vor der Turnierteilnahme kann die Dosis dann entsprechend erhöht werden. Hier kann man für 2 Tage die Dosis sogar verdoppeln, genauso wie am Tag des Turniers.

Ein Beispiel
Hat man z.B. festgestellt, dass das Salz Nr. 11 (übermäßige Angst vor Geräuschen und Licht) für sein Pferd das fehlende Salz ist, so beginnt man sofort mit der Schüßler-Salz-Gabe. Etwa 2–3 Tage vor dem Turniereinsatz erhöht man dann die Dosis etwas mehr Wenn man aber merkt, dass das Pferd auf dem Turnier generell nervös und unruhig ist, kann man ohne weiteres auch die Kombination von Nr. 5 und 7 in einer Dosis von je 5 bis 10 Tabletten hinzugeben. Diese dann nur einen Tag vor und am Tag des Turniers verabreichen.

! **Merke**

Es hat sich auch für den etwas nervösen Reiter bewährt, selbst die Salze Nr. 5 und 7 zu nehmen. Leider muss man oftmals erkennen, dass sich die eigene Nervosität schnell auf das Pferd überträgt und dann beide einem totalen Stress ausgesetzt sind. Hier kann es nicht schaden, wenn der Reiter 2–3 Tage vor dem Turnier 3 x täglich 5 Tabletten pro Salz lutscht.

Bei übermäßigem Schwitzen der Pferde auf dem Turnier kommt es leicht zu Wasserverlust und Veränderungen im Mineralhaushalt. Um diesem entgegen zu wirken, sollte man auf dem Turnier bei großer Hitze unbedingt an die Gabe von Salz Nr. 8 denken. Dieses Salz reguliert den Wasserhaushalt wieder. Selbstverständlich muss dem Pferd ausreichend Wasser zum Trinken zur Verfügung stehen, sonst kommt es zu einer Verdickung des Blutes mit entsprechenden Auswirkungen auf den Kreislauf.

Was gehört in die Schüßler-Salz-Notfallapotheke?

1. Ferrum phosphoricum, Nr. 3: Bei Muskelschmerzen; Muskelkater vorbeugend; Notfallmittel bei allen akuten Verletzungen, wie Stauchungen, Schnitt- und Schürfwunden, bei Quetschungen (vermindert die Blutung); fördert Wundheilung; bei allen Entzündungen; bei leicht erhöhter Temperatur; fördert die Leistungsfähigkeit; beugt Infektionen vor.

2. Kalium phosphoricum, Nr. 5: bei Herz-Kreislaufproblemen (bei Überanstrengung und großer Hitze z.B. auf dem Turnier und bei langen Hänger-Fahrten); besonders hilfreich allgemein bei nervösen, überreizten und nervenschwachen Pferden.

3. Magnesium phosphoricum, Nr. 7: bei allen akuten Schmerzen und Krämpfen. 15–20 Tabletten des Salzes können dem Pferd alle Viertelstunde, bis der Tierarzt eintrifft, verabreicht werden. Die Tabletten werden aufgelöst und dem Tier mit einer Spritze eingegeben. Nr. 7 ist auch bei starkem Juckreiz einzusetzen!

4. Natrium phosphoricum, Nr. 8: Störungen im Wasserhaushalt; bei Ödemen; Verbrennungen. In Verbindung mit Salz Nr. 2 ist Salz Nr. 8 sowohl als Salben- als auch als Tablettenmischung bei Insektenstich-Reaktionen angezeigt. Die Salben sofort abwechselnd auf die betroffene Stelle auftragen und von jedem Salz 2–3 Tage mehrmals am Tag 5 Tabletten verabreichen. Auch bei Sonnenbrand die Salbe Nr. 8 und zusätzlich die Tabletten geben, ebenso bei starkem Schwitzen.

5. Natrium phosphoricum, Nr. 9: Ausleitung bei Impfreaktionen und zur Entgiftung bei Stoffwechselproblemen, z.B. Hufrehe, Abszessen, Geschwülsten (Lipome). Auch als Mittel gegen Steifheit nach starkem sportlichem Einsatz, besonders bei Hitze sichtbar.

6. Natrium sulfuricum, Nr. 10: Das Ausscheidungsmittel schlechthin für alle Medikamente und Schadstoffe (Vergiftung).

7. Silicea, Nr. 11: anzuwenden vor allem in Salbenform bei schlecht heilenden Wunden, bei allen äußerlichen, offenen Verletzungen, bei Neigung zu Wucherungen oder wildem Fleisch. Wichtig auch bei Hautreaktionen auf Injektionen, Verhärtung oder Zersetzung der Halsvenen, Schwellung der Lymphdrüsen (hier harte Lymphknoten), bei Sonnenbrand und Überhitzung – sowohl äußerlich als auch innerlich anzuwenden.

8. Calcium sulfuricum, Nr. 12: hat eine Blutgerinnungseigenschaft und ist sinnvoll bei allen inneren und äußeren Blutungen. Wird oft als Joker anderer Salze eingesetzt und ist vor allem wirksam bei allen chronisch eitrigen Prozessen.

All diese Salze werden bei akuten bzw. schnell zu behandelnden Problemen beim Pferd angewendet. In allen akuten Fällen ist eine höhere Dosis in geringem Abstand notwendig. Dafür bitte nochmals den Abschnitt Anwendung durchlesen.

Das alte Pferd

Pferde können durchaus über 30 Jahre alt werden. Wichtig sind: artgerechte Haltung, Pflege und Fütterung und ihr sinnvoller sportlicher Einsatz. Im Durchschnitt werden unsere heutigen Stallpferde eher maximal 20 Jahre alt. Einen Maßstab zu finden, um ein Pferd als alt bezeichnen zu können, ist recht schwer. Es ist abhängig von Belastungen und Erkrankungen im Leben des Pferdes, aber auch abhängig von der Rasse kann ein Pferd mehr oder weniger frühzeitig altern. Ohne wirklich erkennbaren Grund nimmt die Vitalität ab, die Pferde verlieren mehr oder weniger deutlich an Gewicht und Muskelmasse. Die Aufnahme von wichtigen Vitalstoffen kann durch verschiedene Probleme des gesamten Verdauungstraktes eingeschränkt sein und auch andere Organfunktionen mögen nicht mehr die volle Leistung zeigen. Dieser Zustand sollte nicht als Krankheit gesehen werden, jedoch kann es sinnvoll sein, durch die Zufuhr von verschiedenen Schüßler-Salzen, das in die Jahre gekommene Pferd zu unterstützen.

Ein wichtiges Anti-Aging-Mittel ist außerdem, während des gesamten Lebens auf ein entsprechendes Idealgewicht seines Pferdes zu achten.

Mit Schüßler-Salzen lassen sich Alterserscheinungen mildern und dem Tier können auf diese Weise noch viele angenehme Jahre beschert werden.

Das alte Pferd kann mit Schüßler-Salzen wertvoll unterstützt werden Alterserscheinungen wie bei dieser 30 Jahre alten Stute können effektiv gemildert werden.

Empfehlungen:

- Zur Vorbeugung vor Arteriosklerose
  Nr. 4 und 5
- Zur Stoffwechselunterstützung
  Nr. 6, 9 und 10
- Zur Entschlackung
  Nr. 6 und 10
- Zur Kräftigung der Körperfunktion
  Nr. 5, 7, 8 und 11
- Zur Nervenstärkung
  Nr. 2, 5, 7, 8
- Zur Kreislauf- und Herzstärkung
  Nr. 5 und 7
- Zur Steigerung der geistigen Vitalität
  Nr. 1, 2, 8 und 11

Gerade ältere Pferde, die im Sport eingesetzt wurden, leiden mit der Zeit an Muskelschwäche, die bis hin zum Muskelschwund führen kann. Um dem vorzubeugen, sollte man ihnen regelmäßig das Salz Nr. 5 geben.

Das übergewichtige Pferd

Häufig ist die falsche Fütterung dafür verantwortlich, dass ein Pferd zu dick ist. Hier muss man dem Besitzer klar machen, dass die täglichen Futterrationen dringend reduziert werden müssen und auch die Gabe von »Leckerlis« einzustellen ist.
Auch das so genannte »Nachfüttern« einiger Pferdebesitzer mit »Müsli-Futter« macht Pferde fett. Dass man seinem Pferd dabei eher Schaden zugefügt, sollte jedem klar sein. Bei allen Futterverwertungsprozessen fallen nämlich auch ausscheidungspflichtige Stoffwechselprodukte an. Der Organismus wird durch ein Übermaß an diesen Produkten überfordert und der Säure-Basen-Haushalt gestört. Gefäß-, Haut-, Gelenkerkrankungen sowie Zucker- und Fettstoffwechselstörungen und vieles mehr sind die Folgen. Deshalb sollte auch auf das physiologische Gewicht der einzelnen Pferderassen geachtet werden.
Um den Stoffwechsel anzuregen, ist das Salz Nr. 9 vordergründig zu verabreichen. In einer Dosis von zweimal bis zu 10 Tabletten täglich. Nr. 9 fungiert hier als »Wegbereiter« für weitere Salze, die eingesetzt werden können:

- die Nr. 10 reguliert die Körperflüssigkeiten und ist stoffwechselanregend,
- die Nr. 11 reguliert die überschüssige Säure und vieles mehr.

Eine Mischung der Salze Nr. 10 und 11 ist zu empfehlen. Täglich sollten insgesamt 20 Tabletten davon eingenommen werden. Die Einnahme der Nr. 9 wird in der empfohlenen Dosis beibehalten. Geben Sie Ihrem Pferd diese Salze täglich über einen längeren Zeitraum (bis zu sechs Monate).

Hauterkrankungen/Allergien

Hauterkrankungen, verbunden mit Haarverlust, Pusteln, Pickeln, eitrigen Hautentzündungen usw. treten beim Tier häufig auf. Aufgrund der Umweltbelastungen, Zusatzstoffe in Futtermitteln, Impfungen, Arzneimittelverabreichungen usw. haben Hautkrankheiten und Allergien stark zugenommen. Leidet ein Pferd an einer Allergie, beginnt für den Tierhalter eine anstrengende Zeit, die Probleme in den Griff zu bekommen, denn nicht für jede Erscheinung an der Haut findet man die Ursache.
Verständlicherweise können in diesem Ratgeber nicht alle Hauterkrankungen und Allergien angesprochen werden. Es wird an manchen Stellen manchmal keine Differenzialdiagnose der unterschiedlichen Tiere vorgenommen. Symptome und Schüßler-Anwendungen von Hund, Katze, Pferd und anderen Tieren können sich weitgehend ähneln. Hier wird dann allgemein von Tieren gesprochen, jedoch bei differenzierter Behandlung das spezielle Tier genannt.

In der Tierheilkunde wird unterschieden zwischen:
primären (also zuerst erscheinenden) Hautveränderungen wie Bläschen, Quaddeln, Pusteln, Knötchen
und
sekundären (also als weitere Erscheinung einer vorherigen Erkrankung der Haut) wie

Geschwüre, Hautbeschädigungen, Verdickung und übermäßige Verhornung der Haut und Veränderung der Hautfarbe und der Farbe des Fells.
Der Juckreiz kann sowohl primär als auch sekundär auftreten, ist aber immer ein sicherer Hinweis auf ein Hautproblem.

Einige Hauterscheinungen geben uns Hinweise auf mögliche Ursachen:

- *Hautschuppen:*
  ererbte übermäßige Schuppung der Haut
  Nrn. 6 und 8
- *Stoffwechselstörung der Leber und Niere*
  Nrn. 6, 8, 9
- *Fehlernährung (zu wenig lebenswichtige Fette)*
  Nrn. 6, 9, 10
- *Stress*
  Nrn. 5, 7, 11
- *Allergische Hauterkrankungen, allgemein:*
  Nrn. 2, 3, 4, 8, evtl. 10
- *Flohstichallergie*
  Nrn. 3, 4, 8 und 10
- *Pilzerkrankung*
  Nrn. 1, 4, 6 und 8
- *Milbenbefall (auch Parasiten)*
  Nrn. 6, 9 und 10
- *Autoimmunkrankheit (gegen den eigenen Organismus gerichtete aggressive Abwehrmaßnahme)*
  Nrn. 5 und 10, ggf. noch Nrn. 6 und 8
- *Kontaktdermatitis (entzündliche Reaktionen auf Hautkontakt mit einem bestimmten Stoff)*
  Nrn. 5, 7, 10, ggf. 6
- *Bakterielle Infektion*
  Nrn. 3, 4, 11 und 12
- *Bläschen-, Quaddel- und Pappelbildung Viruskrankheiten*
  Nrn. 3, 4 und 5, danach Nr. 6
- *Autoimmunkrankheiten*
  s. o.
- *Nesselsucht nach Insektenstichallergie*
  Nrn. 2 oder 8
- *Reaktionen auf Arzneimittel, hier nachfolgend zur Ausleitung:*
  Nrn. 5, 9, 10 und 12
- *Farbveränderung an Haut und Haaren: nach bakterieller Entzündung*
  Nrn. 3, 6 und 11
- *nach Pigmentierungsverlust der Haut*
  Nr. 11
- *bei Autoimmunkrankheiten*
  s. o.
- *Hormonstörungen mit Farbveränderungen des Fells*
  Nrn. 2, 5, 11
- *nach allergisch bedingten entzündlichen Veränderungen*
  Nrn. 5, 10, 11

Der Juckreiz kann dem Tier wie beschrieben enorme Probleme bereiten. Durch das ständige Kratzen kommt es zu offenen Hautstellen, diese entzünden sich und können weitere Hautprobleme nach sich ziehen.
Hier hat sich die Gabe der Salze Nr. 5 und 7 zur Juckreizlinderung bewährt. Das Tier bekommt über einen längeren Zeitraum die doppelte der empfohlenen Tagesdosis. Gleichzeitig können die aufgekratzten oder

aufgescheuerten Stellen an der Haut mit den Salben 3 und 6 behandelt werden. Außerdem hat sich das Baden oder Abreiben mit dem Basen-Bad der Firma Orthim bewährt. Hierzu kommt auf einen Liter warmes Wasser ein Teelöffel Basen-Bad-Pulver. Die angegebene Menge kann bei Bedarf auch verdoppelt werden. Spülen Sie die Stelle mehrfach mit dieser vorbereiteten Flüssigkeit ab.
Salben sind durch ihre Fettsubstanz nicht bei eitrig, entzündeter Haut anzuwenden. Hier empfehle ich das Auftragen der entsprechenden Salze in aufgelöster Pulverform als Umschlag oder Bad.
Der Juckreiz kann aber auch Zeichen einer Funktionsstörung im Tierorganismus sein. So führen beispielsweise Leber- und Nierenerkrankungen zu deutlichem Juckreiz.
Hierbei sollte durch die Gabe des organbezogenen Salzes wie dem Salz Nr. 6 für die Leber oder dem Salz Nr. 8 für die Niere unbedingt auf den Juckreiz eingegangen werden.

Bedenken Sie bei Juckreiz folgenden Organ- und Krankheitsbezug:

- Leberentzündung, Leberstau
  Nr. 6
- Nierenentzündung, Nierenfunktionseinschränkung
  Nrn. 3, 5, 8, 10
- Nebennierenüberfunktion (Cushing-Syndrom)
  Nrn. 2, 3, 5, 11
- Schilddrüsenunterfunktion
  Nrn. 4, 6, 10, 11
- Hautpilz- und Milbenerkrankungen
  Nrn. 1, 4, 6, 8
- Zeckenbissreaktionen
  Nrn. 3, 4, 10
- Wurmerkrankungen
  Nrn. 9, 10
- Talgdrüsenentzündung
  Nrn. 3, 9, 11
- Furunkulose
  Nrn. 3, 8, 11, 12
- Sonnenallergie (Sommerekzem)
  Nrn. 3, 8, 10, 11
- Bildung von Tumoren
  Nr. 3
- Arzneimittelallergie
  Nrn. 4, 6, 10

Die Anwendung von Salben bei den entsprechenden Hautreaktionen sollte von Fall zu Fall entschieden werden. Zunächst wird nur eine Schüßler-Salbe (bitte unter der Rubrik Schüßler-Salben nachsehen) gegen das entsprechende Hautbild aufgetragen. Es ist aber auch durchaus möglich, dass eine weitere Salbe dem Beschwerdebild entspricht. Hier wird dann abwechselnd die eine oder andere Salbe aufgetragen.
Mitunter ist es sinnvoll, einen Umschlag mit den entsprechenden Salzen zu machen. Diese werden dann in ein wenig abgekochtem Wasser aufgelöst und als Paste mittels einem gebügelten Zellstofftuch auf die lädierte Hautpartie aufgebracht (die Hitze beim Bügeln garantiert eine gewisse Keimfreiheit).
Weiterhin besteht die Möglichkeit, das bereits beschriebene Basen-Bad einzusetzen. Erfahrungsgemäß ist es sinnvoll, einen Teelöffel des Basen-Bades in etwa ein bis zwei Litern Wasser aufzulösen. Ein sauberes, ge-

Tipp

Zink, ein ***wichtiges Spurenelement****, hat eine ausgezeichnete Wirkung auf die Haut, daher* ***kann es hilfreich sein,*** *dem Tier das* ***homöopatisch aufbereitete*** *Zinkum chloratum D6* ***zusätzlich nach Darreichungsvorschrift*** *zu verabreichen.*

bügeltes Tuch in der Lösung tränken und auf die erkrankte Hautpartie aufbringen.
Es versteht sich von selbst, dass es sich hierbei nur um handwarmes (ca. 37 Grad) Wasser handeln darf.
Entzündliche Hautveränderungen an sich führen schon zu mehr oder weniger deutlicher Hitzeentwicklung und Wärmeempfindung. Eine geringere Wassertemperatur verschafft Linderung und Kühlung.
Die Behandlung einer Hauterkrankung, vor allem derjenigen, die sekundär als Zeichen einer inneren Erkrankung auftritt, braucht Geduld und stellt für das Tier immer eine Stresssituation dar. Die zusätzliche Verabreichung des Salzes Nr. 5 dient zur psychischen Entlastung. Je nach Beschwerdebild wird die Nr. 5 mehrmals täglich oder wöchentlich verabreicht.

Futtermittelallergie

Eine Unverträglichkeit von gewissen Stoffen (Konservierungsstoffe, Zusatzstoffe, mit Milben kontaminiertes Futter, Staub und vieles mehr) in Futtermitteln kommt gehäuft vor und zeigt sich bei Tieren nicht nur als Symptom des Magen-Darm-Traktes. Durchfall, Erbrechen, Müdigkeit, Abgeschlagenheit sind keine alleinigen Erkennungszeichen. Manchmal steht auch die Reaktion der Haut und der Schleimhäute im Vordergrund.

Wurmkur

Pferde sollten im Idealfall zirka viermal jährlich eine Wurmkur erhalten. Dadurch, dass heute viel mehr Pferde auf kleineren Flächen gehalten werden, kommt es zunehmend zu einem Infektionsdruck mit Endo- und Ektoparasiten. Hier spielen natürlich auch das Weidemanagement, die Hygienemaßnahmen im Stall und die zunehmende Abwehrproblematik vieler Pferde, sowie die Resistenzen gegenüber Wurmmitteln eine große Rolle. Schüßler-Salze können einen guten Dienst leisten, in dem sie die Wirkungen der Wurmkuren positiv beeinflussen, den Stoffwechsel der Tiere unterstützen und die Ausleitung von Belastungsstoffen durch chemische Präparate fördern.
Bewährt hat sich eine Kombination aus den Salzen Nr. 8, 9 und 10. Mischen Sie die Salze, und geben Sie Ihrem Pferd zweimal täglich, am sinnvollsten morgens und abends, je 10 Tabletten davon. Dazu können Sie noch das Salz Nr. 5 als Ausscheidungshilfe für Giftstoffe geben. Geben Sie diese Tabletten (einmal täglich ca. 5–8) am sinnvollsten gegen Mittag dazu.

> **!**
> # *Merke*
> *Bei allen Koliken ist es sehr wichtig, sofort den Tierarzt zu benachrichtigen, um die Diagnose abklären zu lassen und eine gefürchtete Darmverschlingung mit nachfolgend absterbenden Darmbereichen zu vermeiden. Bis zum Eintreffen des Arztes kann es sinnvoll sein, dem Pferd jede Viertelstunde mindestens 20 Tabletten der Nr. 7, aufgelöst in warmem Wasser, per Spritze sofort ins Pferdemaul zu verabreichen.*

Magen-Darmprobleme/Kolik

Da Magnesium die Darmperistaltik, also das rhythmische Zusammenziehen des Darmes zur Vorwärtsbewegung des Darminhaltes, beeinflusst, ist es ein wichtiges Salz bei auftretenden Koliken, Krämpfen und Blähungen. Man denke hier an die Überfütterungskoliken, vor allem Wind- und Krampfkoliken oder Anhäufungskoliken.

Windkoliken zeichnen sich durch Gasentwicklung im Magen-Darm-Kanal als Gärungsprozess der Futterstoffe aus. Ursächlich kommen Verdauungsschwäche, Hinabschlucken von Luft (Kopper), zu hastiges oder gieriges Fressen und blähende Nahrung infrage.

Bei Krampfkoliken treten die Krämpfe plötzlich auf, halten nicht lange an und werden begleitet von Verstopfung und/oder mäßigem Durchfall.

Pferde, die akute Kolik-Symptome zeigen (Unruhe, Hinlegen und wieder Aufstehen, Wälzen, Kopf zeigt in Richtung Bauch, das Pferd beginnt zu schwitzen, es zeigt erhöhte Atemfrequenz, flähmt, sein Herz rast), dürfen keinesfalls fressen und trinken. Vorsichtiges Führen in der Halle ist möglich, wenn es nicht übermäßig schwitzt und sich hinwirft. Es ist wichtig, beruhigend auf das Pferd einzuwirken und die Situation sehr aufmerksam zu beurteilen. Vielfach ist auch die sofortige Fahrt zu einer Pferdeklinik angezeigt, wo ggf. umgehend eine Operation durchgeführt werden kann.

Vorbeugend gegen Verdauungsstörungen (Blähungen und Gärungen im Magen-Darm-System) ist die längere Gabe von Salz Nr. 6 (zweimal täglich 10 bis 15 Tabletten) angebracht. Bei akut wässrigem Durchfall (z.B. Kotwasser) ist die Salzgabe von Nr. 3, 8 und 10 sehr hilfreich.

Magenschleimhautentzündung

Auch hierfür gibt es vielfältige Ursachen, wie z.B. das Fressen von gefrorenem Gras oder gefrorenen Möhren, das Trinken von viel zu kaltem Wasser, die Aufnahme von giftigen Stoffen, Giftpflanzen oder das Nagen an mit Holzschutzmittel behandelten Weidezaunpfählen etc. Hier bitte auch mal an Würmer denken oder die Wurmkuren selbst, die eine ohnehin schon geschädigte und empfindliche Magenschleimhaut reizen. Auch Zahnschäden, die das Zerkleinern der Nahrung nur mäßig ermöglichen, oder das zu hastige oder unregelmäßige Fressen können die Magenschleimhäute reizen und zu Entzündungen führen.

Hier zeigt das Pferd zunächst nur unklare Beschwerden, die von Futterverweigerung

über krampfartige Schmerzen des Magens bis hin zu Kolik führen können. Manchmal kommt es zu Fieber und Durchfällen.
Grundsätzlich ist die Magenschleimhaut beim Pferd nicht leicht zu behandeln, vor allem, wenn die Ursachen der Problematik auf psychische Probleme zurückzuführen sind. Wie beim Menschen wird auch beim Pferd bei übermäßigem Stress der Magen verstärkt belastet. Die Magenschleimhautentzündung ist somit häufig auch ein Symptom, deren Ursache eine immer wiederkehrende Stressbelastung sein kann. Besonders stark beanspruchte, sich in der Ausbildung befindende junge Pferde können diese Magenproblematik aufweisen sowie auch routinierte Pferde, die immer größerem Turnierstress und Druck ausgesetzt werden.
Neben dem Entzündungssalz Nr. 3 sollten dem Pferd die Salze Nr. 4, 8 und 9 verabreicht werden. Mischen Sie die Salze und geben Sie Ihrem Pferd mindestens dreimal täglich 10 Tabletten davon ein.
Wenn Sie den Eindruck haben, dass die psychische Verfassung des Pferdes Grund für die Magenschleimhautentzündung ist, sollten die Salze Nr. 5, 7, 8 und 9 gemischt werden. Von dieser Mischung verabreicht man dann dem Pferd dreimal täglich 10 Tabletten. Morgens sollten dann zusätzlich einmal 10 Tabletten von Salz Nr. 3 gegeben werden.

Appetitmangel

Dieses Symptom kann bei vielen Erkrankungen auftreten. Hierbei ist die differenzierte Abklärung des Appetitmangels unbedingt notwendig Allgemein gegen die Fressunlust hat sich die Kombination der Salze Nr. 3 und 11 als sinnvoll erwiesen. Hiervon gibt man dem Pferd zweimal täglich 10 Tabletten.

Leber, Bauschspeicheldrüsenproblematik

Leber- und Bauchspeicheldrüsenerkrankungen sind zum Glück relativ selten. Lebererkrankungen bemerkt man meist zufällig bei einer Blutkontrolle, die gemacht wurde, weil das Pferd möglicherweise müde und schlapp ist, nicht mehr belastungsfähig, Appetitmangel hat und sich vielleicht Verdauungsstörungen bemerkbar machen, wie ständiger Wechsel von Durchfall und Verstopfung. Hier sollten die Salze Nr. 6, 9 und 10 gemischt werden. Diese Mischung gibt man dem Pferd dann über einen längeren Zeitraum, ein- bis zweimal täglich 8 bis 10 Tabletten je nach Schwere der Symptome.
Eine Bauchspeicheldrüsenproblematik zeigt sich häufig im Zuckerstoffwechsel. Diabetes mellitus kommt eher selten beim Pferd vor. Auch hier sind die typischen Zeichen: häufiges Urinieren und Durchfälle. Die Pferde sind abgeschlagen, wenig belastungsfähig und entweder unter- oder übergewichtig. Die Bauchspeicheldrüse kann durch die Salze Nr. 4, 6 und 10 unterstützt werden. Gegebenenfalls sollten gelegentlich die Salze Nr. 8 und 5 hinzugegeben werden.

Probleme mit dem Bewegungsapparat

In diesem Abschnitt wird auf die häufig auftretenden Probleme des Bewegungsapparates eingegangen.

Einige Beispiele
Eine Sprunggelenksgalle zeigt sich durch rundlich-weiche schmerzlose Ausbuchtungen an den Sprunggelenken. Sie führt nicht zur Lahmheit. Bei vermehrter Belastung kann es aber zu Gelenksentzündungen kommen.
Entzündliche Veränderungen mit Schwellungen und Umfangsvermehrung im Bereich des Fersenhöckers, die sogenannte »Piephacke«, zeigt im akuten Stadium eine leichte Lahmheit, im chronischen Zustand aber eher nicht. Hier können die Salze Nr. 11 und 8 hilfreich sein. Geben Sie dem Pferd zweimal am Tag je 5 Tabletten.
Ähnliche Symptome zeigt eine Bursitis, Schleimbeutelentzündung, die verschiedene Ursachen haben kann. Diese können z. B. Überanstrengung bis hin zu Traumata (z. B. Stoß, Liegen auf hartem Boden, Tritt von anderen Pferden etc.) sein. Gebe Sie Ihrem Pferd eine Mischung aus den Salzen Nr. 3, 8 und 11, zweimal täglich 10 Tabletten.

Griffelbeinfrakturen können durch äußere traumatische Einwirkung entstehen oder auf Grund von Ermüdungsbrüchen bei Überanstrengungen vor allem bei Sport- und Rennpferden. Es treten hier Lahmheitserscheinungen auf. Geben Sie Ihrem Pferd eine Mischung aus den Salzen Nr. 1, 2 und 11, viermal täglich 8 Tabletten. Behandeln Sie die Stelle zusätzlich mit den Salben der Nrn. 1 und 11. Während der Heilungsphase kann es zu übermäßigen Knochenauftreibungen kommen (»Überbeine«). Auch andere Ursachen können zu Überbeinen führen, wobei aber immer eine stärkere Verknöcherung mit und ohne Lahmheit und Bewegungseinschränkung vorhanden sein kann. Eine entzündliche Knochenhautbeteiligung ist aber möglich. Ihr Pferd können sie hierbei unterstützen durch einen Mix aus den Salzen Nr. 1, 2, 11, zweimal täglich 10 Tabletten über mindestens vier Wochen. Als Salbenverband empfehle ich eine Mischung der Salben der Nr. 1, 8 und 11.

Sehnenzerrung/Sehnenriss: Dies entsteht meist durch äußere Einwirkung oder durch plötzliche Überbeanspruchung z. B. bei einem Sturz, Sprung, bei Fehltritten oder übermäßiger Anstrengung (Wanderritt, Langstreckenrennen etc.).
Gebe Sie Ihrem Pferd eine Mischung der Salze Nr. 1, 3 und 11, 8 Tabletten mehrmals über den Tag verteilt. Zusätzlich sollte das Salz Nr. 7 verabreicht werden. Hier empfehle ich dreimal täglich 5 Tabletten. Für einen Salbenverband hat sich eine Mischung aus Nr. 1 und 11 bewährt.

Entzündungen der Fesselgelenke: Nach scharfen Wendungen, durch Ausrutschen und Fehltritte, beim Landen nach dem Sprung, durch Hängenbleiben z.B. in der Box kann sich das Fesselgelenk (als sogenanntes »Wechselgelenk« bekannt) entzünden. Bei einer Entzündung des Fesselgelenks kommt es zu mehr oder weniger ausgeprägten schmerzhaften Lahmheitserscheinungen. Diese sind vor allem im Trab sichtbar. Beginnen Sie sofort mit der Gabe der Salze Nr. 3, 5 und 7. Zwei Tage lang sollten mindestens drei- bis fünfmal 2–5 Tabletten pro Salz geben werden und dann auf eine zweimalige Gabe zurückgehen,bis sich eine Besserung einstellt. Für einen Salbenverband hat sich eine Mischung aus den Salben Nr. 3 und 5 bewährt.

◗ *Gleichbeinlahmheit*: Das ist ein Sammelbegriff für Symptome degenerativer, chronisch verlaufender Prozesse am Gleichbein, den Bändern und der Sehne und Beugesehnenscheide. Es ist ein schleichender Prozess mit anfänglich leichten Stützbein-Lahmheitserscheinungen bis hin zu starker Lahmheit. Die degenerativen Veränderungen kommen durch Zerrungen und Prellungen zustande, hervorgerufen z. B. durch Traben und Galoppieren in stark unebenem Gelände, zu schwere Reiter oder Landungen nach Sprüngen. Es entstehen kleine Risse an den Bändern, und es kommt zu Durchblutungsstörungen mit Knorpeldefekten, welche zu chronischen Erkrankungen führen können.
Gebe Sie Ihrem Pferd eine Mischung der Salze Nr. 1, 2, 5 und 11. Davon verabreichen Sie ihm dreimal täglich 10 Tabletten.
Für einen Umschlag macht man aus den Salzen Nr. 2 und 11 einen Brei und streicht diesen dann auf die entsprechende Stelle. Natürlich kann man auch die Salben Nr. 2 und 11 verwenden.

In diesem Abschnitt sollte die *Krongelenksentzündung* und die Entwicklung von Spat durch ständige Knochenentzündungen des Sprunggelenkes nicht unerwähnt bleiben.
Gebe Sie Ihrem Pferd eine Mischung der Salze Nr. 1, 2 und 11. Davon verabreichen Sie ihm zweimal täglich 8 Tabletten, zusätzlich ggf. noch zweimal täglich 4 Tabletten von Salz Nr. 5. Unterstützend behandeln Sie den Bereich mit den Salben Nr. 1 und 2.

◗ *Hahnentritt*: Das Pferd hebt im Schritt und Trab ungewöhnlich schnell und staksig seine Hinterbeine hoch. Es entsteht das Bild eines stolzierenden Hahns. Zunächst kommt es zu unterschiedlichem Zucken der Hinterbeine vor allem im Trab, beidseitig oder auch einseitig. Später kann es auch im Schritt beobachtet werden. Man vermutet hier die Ursache in entzündlichen Veränderungen verschiedener Nerven und Muskeln.
Gebe Sie Ihrem Pferd eine Mischung der Salze Nr. 5, 7 und 11. Davon verabreichen Sie ihm über einen längeren Zeitraum einmal täglich 15 Tabletten.

Bei allen Verstauchungen, Verrenkungen und Verletzungen der Knochen, Bänder und Sehnen mit den dazugehörigen mehr oder minder auftretenden Lahmheits- und Schmerzzeichen ist eine Therapie mit Salz Nr. 11 angezeigt. Zusätzlich hat sich die Mischung aus Nr. 3, 5 und ggf. 7 bewährt. Die Dosierung richtet sich danach, ob es sich um eine akute oder chronische Problematik handelt (siehe Abschnitt Dosierung).

◗ *Haut-, Fell- und Huferkrankungen spielen hier auch eine Rolle*:
Schlecht wachsende Hufe, spröde, trockene zu Rissen neigende, sich schnell entzündlich verändernde Hufe, alle entzündlichen Veränderungen am Strahl, in der Fesselgegend (Mauke, Warzenmauke), offene und verdeckte Verletzungen an der Krone des Pferdehufes mit entsprechender Phlegmonebildung, eitrige Abszessbildung, welche bis zum Hufknorpel vordringen, um nur einige zu nennen. Hier ist immer die Gabe von Nr. 11 zu

empfehlen. Gegen die Entzündung sollte die Nr. 3 gegeben werden. Berücksichtigen Sie bitte bei der Salzfindung und Verabreichung die entsprechenden Begleiterscheinungen. Bei Schwellungen sollte zusätzlich das Salz Nr. 8 gegeben werden, bei einer Eiterung das Salz Nr. 12. Bei offenen Hautstellen sollten Bäder und Umschläge gemacht oder die entsprechenden Salben aufgetragen werden.

▸ Hufknorpelfistel
Hierbei handelt es sich um eine Huf- und Lederhautentzündung. Keime gelangen durch äußere Verletzungen in Huf- und Lederhaut, was zu Schwellung, Rötung, Hitze, pulsierender Fußarterie und entsprechenden Schmerz- und Lahmheitserscheinungen führt. Ich empfehle die Salze Nr. 3, 6, 8 und 11 sowie die Salben Nr. 1 und 9.
Verletzungen der Huf-Lederhaut führen zudem zu verändertem Hufwachstum und Fleckenbildung (Steingallen) im Pferdehuf. Steingallen können auch im Ballenbereich und im Sohlengebiet auftreten, mal als sichtbare eitrige Veränderungen, mal als Zufallsbefund, da das Pferd immer mal wieder Lahmheiten zeigt.

▸ Als *Strahlfäule* bezeichnet man die Zersetzung des Hufstrahls, die z.B. durch eine nasse Unterlage im Stall oder durch zu starkes Ausschneiden des Strahls entstehen kann. Es bildet sich eine übel riechende, dickflüssige Masse in den Strahlfurchen, durch sie wird das Hufhorn so angegriffen, dass es zur Erweichung und weiterer Schädigung kommt. Hier sollten die Salze Nr. 6, 9, 10 und 11 als Mischung zum Einsatz kommen. Gebe Sie Ihrem Pferd davon möglichst dreimal täglich 8 Tabletten.
Eine weitere Möglichkeit ist, den Innenbereich des Hufs mit einem Pulver aus den zerkleinerten Tabletten dieser Mischung auszustreuen und den Huf im Ganzen mit entsprechendem Verband zu schützen. Lassen Sie bitte den Huf nicht länger als acht Stunden verpackt. Sie können den Huf/das Bein auch in ein mit dem Basen-Bad vorbereiteten Eimer, wie bereits beschrieben, stellen. Verwenden Sie zwei bis drei Esslöffel des Salzpulvers auf 10 Liter Wasser. Das Wasser sollte gut warm sein. Wiederholen Sie diese Prozedur täglich und denken Sie daran, den Huf gut trocken zu halten.

▸ *Arthritis und Arthrose:*
Die entzündliche Gelenkserkrankung (Arthritis) tritt relativ häufig beim Sportpferd (hier vor allem beim Springpferd) auf und wird oftmals durch stumpfe Verletzungen (Schlag), aber auch durch Überanstrengungen (nachfolgend auf Grund von Sehnenentzündungen) verursacht. Außerdem können bakterielle Infektionen zu Arthritis führen. Hier ist die sofortige Gabe des ersten Entzündungsmittels angebracht, dem Salz Nr. 3. Die Schwellungen des Gewebes um die Arthritis herum kann mit den Salzen Nr. 4 und 8 behandelt werden. Verabreichen Sie dem Pferd pro Salz drei- bis viermal 2–3 Tabletten. Ein Salbenverband aus den Nrn. 5 und 11 kann hilfreich sein. Die Salben werden sinnvollerweise im Wechsel aufgetragen.

Arthrose ist die nächste Stufe der Arthritis, die sich in einer Degeneration der Gelenke festmacht. Es handelt sich um einen Verschleiß der Gelenke, der auf die vorangegangenen entzündlichen Veränderungen des Knochenstoffwechsels zurückzuführen ist. Diese Veränderungen führen je nach Lage der Gelenkerkrankung zu verschiedenen Erscheinungsformen wie Gelenkknorpelveränderungen, Hufrollenentzündungen, Spat usw. Bei der Behandlung sollten generell die Schmerzfreiheit und die Funktionstüchtigkeit des Gelenkes im Vordergrund stehen. Arthrose ist in der Regel nicht heilbar. Für den Pferdebesitzer ist es äußerst wichtig, dieser chronischen Erkrankung vorzubeugen.

Die wichtigsten Salze sind die Nrn. 1, 2 und 11, pro Salz sollten dem Pferd zweimal täglich je 5 Tabletten (15 Tabletten morgens und abends) verabreicht werden.

Bei akutem Auftreten der Arthrose werden die Salze mit der Nr. 3 kombiniert. Besteht die Problematik schon länger, kommt zusätzlich das Salz Nr. 6 dazu. Hat das Pferd deutlich Schmerzen, sollte darüber hinaus noch mit den Salzen Nr. 5 und 7 gearbeitet werden. Je nach Intensität des Schmerzes die Dosis des Salzes Nr. 7 erhöhen.

Treten mehr oder weniger häufig die beschriebenen Begleiterkrankungen der Arthrose auf, sollte die Gesamtzahl von 30 bis 40 Schüßler-Salz-Tabletten über den Tag verteilt, nicht überschritten werden.

▸ *Kissing Spine*: Der Begriff kommt aus dem Englischen und beschreibt einen Zustand, bei dem die Dornfortsätze der Wirbelsäule gegeneinander reiben und dadurch entzündliche Veränderungen entstehen.

Dies führt zu massiven schmerzhaften Rückenproblemen des Pferdes, die sich in Widersetzlichkeit, Kopfschlagen usw. zeigen können. Häufig sind die Gründe für diese Erkrankung in der falschen Reitweise zu suchen. Zu enge Zügelführung, eine gezwungene Kopfhaltung (Kopf bis vor die Brust gezogen) oder ständig zu hoch eingestellte Pferde, die nicht »über den Rücken gehen«, ein permanent in den Rücken des Pferdes fallender Reiter, ein falscher Sattel oder eine völlige Überbeanspruchung junger Pferde in der Ausbildung können zu Kissing Spines führen.

Um einer Kissing-Spine-Erkrankung gegenzusteuern, sollte das Pferd sinnvoll am langen Zügel gymnastiziert werden und es sollte die Möglichkeit haben, seinen Rücken aufzuwölben (über den Rücken gehen). Ganz wichtig ist, dass die Rückenmuskulatur des Pferdes entsprechend aufgebaut wird.

Unterstützend wirken hier die Salze Nr. 1, 2 sowie 7 und 11. Mischen Sie die Salze Nr. 1, 2 und 11, und verabreichen Sie dem Pferd von diesem Mix einmal täglich 15 Tabletten. Je nach Schmerzentwicklung setzen Sie das Salz Nr. 7 täglich mehr oder weniger häufig am Tag in einer Dosierung von 5 bis 15 Tabletten dazu ein.

Nieren- und Blasenprobleme

Diese sind relativ selten beim Pferd, können aber als so genannte Begleiterscheinungen bei einigen Erkrankungen auftreten, die mit starker Beeinträchtigung des Immunsystems einhergehen. Manchmal lässt sich eine Blasen-Nierenerkrankung erkennen, wenn das

Pferd ungewöhnlich häufig uriniert. Das kann soweit gehen, dass das Pferd während einer Unterrichtstunde einfach stehen bleibt und Urin lässt. Kommt es also zu einem ungewöhnlich häufigen Urinieren, vor allem unter dem Reiter, muss eine Kontrolle des Urins im Labor eines Tierarztes erfolgen. Hier lassen sich dann eventuelle Bakterien erkennen und durch Anzüchten dieser Bakterien auch die individuelle Therapie festmachen. Als begleitende Therapie empfehle ich die Schüßler-Salze Nr. 3, 8 und 9. Bei akuten Problemen können drei- bis viermal täglich pro Salz 3–5 Tabletten verabreicht werden. Hat sich bereits eine eitrige Entzündung der Harnwege gezeigt, kommen die Salze Nr. 11 und 12 in einer Dosis von dreimal täglich je 8–10 Tabletten insgesamt zum Einsatz. Diese Tablettengabe von Schüßler-Salzen sollte als Begleittherapie so lange weitergeführt werden, wie die Behandlung durch den Tierarzt notwendig ist. Ist durch eine Urinkontrolle gesichert, dass die Bakterien verschwunden sind, sollte eine abwehrstärkende Schüßler-Salz-Gabe mit den Salzen Nr. 3, 5, 9 und 11 erfolgen.

Wenn Sie die Salze mischen, sind dem Pferd zweimal täglich 10 Tabletten von diesem Mix zu verabreichen. Sie können ihm auch zunächst zweimal täglich je 5 Tabletten der Salze Nr. 3 und 5 geben und zusätzlich dann die Salze Nr. 9 und 11 in einer Dosierung von einmal je 8 Tabletten pro Salz.

! Tipp zum Auffangen des Urins

Haben Sie schon einmal versucht, in einem Glas Urin für eine Untersuchung aufzufangen? Diese Prozedur kann sich als äußerst schwierig erweisen. Einerseits wird das Pferd total erstaunt sein, wenn Sie mit einem Glas angerast kommen, sobald es sich zum Pinkeln hinstellt, und es ihm unter den Urinstrahl halten. Andererseits ist es auch keine schöne Angelegenheit, sich auf Arm und Hand urinieren zu lassen, um überhaupt Urin abzufangen.

Befestigen Sie mit Klebeband ein Glas mit Verschluss (z.B. Marmeladenglas) an einem langen, stabilen Stab. Gewöhnen Sie das Pferd an diese Konstruktion und halten Sie sie ihm immer mal wieder unter den Bauch. Im »Ernstfall« können Sie dann auf diese Weise Urin für die Urinprobe sammeln.

Atemwegserkrankungen

Schlechtes, staubiges und feucht gewordenes, muffiges Heu kann bei Pferden Atemwegserkrankungen in Form von allergischen Reaktionen auslösen. Pferde mit Atemwegsproblemen sind in ihrer Leistung deutlich eingeschränkt.

So manche Dämpfigkeit hat ihren Ursprung in einer nicht in den Griff zu bekommenden allergischen Bronchitis und Lungenentzündung. Schon bei der kleinsten Belastung beginnen die Pferde zu husten. Zunächst ist es nur ein trockener Husten, der aber mit zunehmender Reaktion auf die Allergieaus-

Schüßler-Salze haben sich bei der Behandlung von Atemwegserkrankungen bewährt.

löser auch zähen Schleim hervorbringt. Der Husten geht oftmals in eine Bronchitis mit chronischem Verlauf über. Eine besonders schlechte Prognose besteht bei einer nachfolgenden Beteiligung der Lunge.

Allgemeine Behandlung mit Schüßler-Salzen

Bei Husten sollten unbedingt schon zu Beginn die Salze der Nrn. 3, 4, 8 und 10 (Mischung) in einer Dosierung von mindestens zweimal 10 Tabletten zum Einsatz kommen.
In vielen Fällen sind die Krankheitserreger von Atemwegserkrankungen Viren.
Die Entzündung der Nasenschleimhaut zeigt sich durch Schnupfen, der klar und gelblich bis schleimig-grünlich sein kann. Bei letzteren Erscheinungen liegen meist Erkrankungen vor, die durch Viren und/oder Bakterien ausgelöst wurden.
Im Vordergrund steht wie bei jeder akuten Entzündung die ausreichende Verabreichung von Salz Nr. 3.

Die Absonderungen aus der Nase zeigen an, welches Schüßler-Salz gebraucht wird:

klarer, eiweißartiger Schleim	Nr. 2
zäher, weißlicher Schleim	Nr. 4
übel riechender Schleim	Nr. 8
reichlich milchiger Schleim	Nr. 11
grünlich-gelblicher Schleim	Nr. 10

Die Salben Nr. 10 und 8 können in kleiner Menge in die Nasenöffnungen geben werden.

Wird die Entzündung der Nasenschleimhaut nicht ausreichend behandelt, kann es zu weiterführenden Erkrankungen der Atemwege wie Kehlkopfentzündung (Heiserkeit), Bronchitis (Husten) und Lungenentzündung (Husten, Atemnot, Fieber, schlechtes Allgemeinbefinden) führen.
Das Symptom »Husten« ist beim Pferd so vielfältig, dass man hier unbedingt differenzierte Symptome zusammentragen muss, um das richtige Salz zu finden.
Man sollte auch bedenken, dass der Husten durchaus aufgrund einer anderen Erkrankung auftreten kann, oder sich mit anderen Beschwerden zeigt, die jetzt auf ein ganz bestimmtes Salz hinweisen.

Beispiel: Bei Salz Nr. 8 (Natrium chloratum) fällt ein trockener Husten, vorwiegend

zu Beginn einer körperlichen Belastung (z.B. Longieren) auf. Dieser ist aber nach mehrmaligen kurzen Hustenattacken meist wieder verschwunden. Auffällig bei dem Bild der Nr. 8 sind aber zusätzlich die Gelenkprobleme (knackende Gelenke). Findet man also beide Symptome gleichzeitig, ist das Salz Nr. 8 hier sicher das Mittel der Wahl.
Wie oben beschrieben, kommen die einzelnen Salze auch bei dem entsprechend zusammengesetzten Auswurf des Hustens (Sputum) zum Einsatz.

Charakter des Hustens und Begleiterscheinungen

trockener Husten	Nr. 8
krampfartig bellend	Nr. 7,
zusätzlich Nrn. 2 und 6	
lockerer Husten	Nr. 11
bei leichtem Fieber	Nr. 3
bei höherer Temperatur	Nr. 5
(Nr. 3 zusätzlich erforderlich)	
akute Bronchitis	Nr. 11
und als Joker Nr. 12	
chronische Bronchitis	Nrn. 4, 6, 8
Lungenentzündung	Nr. 3,

als vordergründig verstärkte Gabe Nrn. 4, 6, 11. Je nach Ausmaß sind häufige Gaben notwendig.

Bei Erkrankungen der Atemwege muss Folgendes beachtet werden:

- Unbedingte Stressvermeidung jeglicher Form (möglicher Einsatz von Nr. 5 und 7)
- Lieber häufiger, dafür weniger füttern. Die Gesamtration bleibt bestehen, Kraftfutter auf mehrere kleine Portionen verteilen.

! ***Achtung!***

Keine ätherischen Öle wegen möglichen Kehlkopfkrampfs (Erstickungsgefahr) verwenden!

- Ausreichend Wasser anbieten. Tipp: Tee aus Sonnenhut, Fenchel und Huflattich zubereiten. Diesen dann über das Raufutter sprühen.
- Nur gutes Heu verwenden. Günstig ist, dieses anzufeuchten.
- Kälte und Zugluft vermeiden.
- Stall muss gut belüftet sein. Helle, Licht durchflutete Ställe. In der Halle darf es nicht stauben.
- Jegliche Stauberzeugung vermeiden.
- Vitamin C verabreichen
- Dampfbäder (hierzu Kamillentee in heißes Wasser geben)

Augen- und Ohrenprobleme

Auseinandersetzungen mit Artgenossen können zu Verletzungen an Augen und Ohren führen. Bakterien und Viren gelangen in die Wunde und es kommt zu Entzündungen.
Verschiedene Parasiten oder Allergien können beim Pferd Juckreiz auslösen. Durch ihr ständiges Kratzen verletzt es sich auch selbst an Augen und Ohren. Unbehandelt können sich diese Stellen schnell zu großflächigen Entzündungen ausbreiten und sich im schlimmsten Fall sogar ein Abszess bilden.

Augenentzündungen

Die Augen sind verklebt, manchmal eitrig verklebt und müssen täglich gereinigt werden.

Hierzu verwendet man die in handwarmem Wasser aufgelösten Salze der Nrn. 3 und 7. Mit einem keimfreien Zellstofftuch wird das Auge von außen nach innen gereinigt.

Bei verkrusteten Augen sollte zunächst mit der hergestellten Schüßler-Flüssigkeit ein Augenbad gemacht werden. Dazu legt man das keimfreie, handwarme, feuchte Tuch über längere Zeit auf das betroffene Auge, damit die Kruste aufgeweicht wird.

Bindehautentzündung

Hier setzt man das Salz Nr. 3 wieder verstärkt ein. Hinzu kommt eine Mischung aus den Nrn. 2, 6, 8 und 10.

Hilfreich ist zudem der Einsatz der Salbe Nr. 3. Bringt man die Salbe zum Einsatz, hat sich eine vorherige warme Kompresse, wie unten beschrieben, zur Verbesserung der Durchblutung und damit zur gesteigerten Wirksamkeit bestens bewährt. Achtung: Die Salbe nie in das Auge reiben.

Tipp!

»Augenwohl« – erhältlich in der Apotheke und bekannt als Euphrasia D6 – aufgebracht als Kompresse, ist ein hervorragendes Mittel bei Bindehaut- und Augenentzündungen

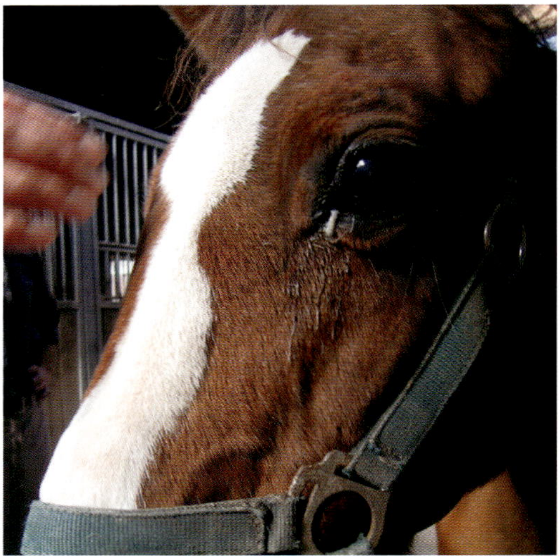

Zum Reinigen von entzündeten Augen lösen Sie die Salze Nr. 3 und 7 in handwarmem Wasser auf.

Periodische Augenentzündung:

Sie ist eine recht häufig auftretende bakterielle (Leptospiren) Erkrankung des Auges. Im günstigsten Fall ist dabei nur ein Auge betroffen. In einem immer wiederkehrenden Abstand von ein bis zwei Monaten kommt es zu einer deutlichen Entzündung des Auges mit starkem Tränenfluss und starker Schwellung der Augen, verengten Pupillen und teils starken Schmerzen. Dabei können auch Fieberschübe auftreten. Interessant ist, dass diese Bakterien überall vorkommen, und auch die meisten Pferde damit in Kontakt kommen, diese Erkrankung jedoch nur bei einigen auftritt. So wird diskutiert, ob möglicherweise auch das Immunsystem und der Stoffwechsel hierbei eine Rolle spielen.

Es kann daher sinnvoll sein, das Immunsystem des Pferdes mit den Salzen Nr. 2, 3, 5 und 9 zu unterstützen.

Es empfiehlt sich, nach den Schwächen im Stoffwechsel zu forschen. Eine Blutkontrolle könnte zum Beispiel einen Hinweis auf eine Leber- oder Nieren-Problematik geben, sowie auf Zuckerstoffwechselprobleme usw. Hier sollte dann an den Einsatz der speziellen Salze für die differenzierten Organbeteiligungen gedacht werden (Beispiel: Nrn. 6 und 9 = Leber; Nrn. 4 und 8 = Niere; Nrn. 10, 11 = Pankreas, Stoffwechsel etc.)
Als allgemeine Kombination empfehle ich die Salze Nr. 3, 6, 10 und Nr. 11 in einer Dosierung von zweimal täglich 10 Tabletten eines Mixes der genannten Salze. Auch hier rate ich die Kompressen äußerlich wie oben beschrieben mit Augenwohl anzuwenden. Außerdem ist eine Zufuhr von Vitamin C sinnvoll!

Der graue Star

Auch hier können traumatische Verletzungen (ein harter Stoß, ein Schlag von Artgenossen) zu einer Linsentrübung führen. In den meisten Fällen ist er aber altersbedingt Hier haben sich folgende Salze bewährt: Nr. 3, 8 und 11 (Mischung). Von diesem Mix erhält das Pferd zweimal täglich fünf Tabletten.

Die psychischen Aspekte der Schüßler-Salze beim Pferd

Salze je nach Intensität der Symptome zuerst täglich ca. 1 Woche lang 3 x 10, dann 14 Tage 3 x 8, nach Besserung über 2 bis 3 Monate 5 x 5 Tabletten in Wasser aufgelöst und per Spritze (ohne Nadeln!) ins Pferdemaul geben.

Salz Nr. 1: Calcium fluoratum (Verdünnungsstufe D12) Das Wachstumssalz

Anzeiger für einen Mangel an Salz Nr. 1 ist die extreme Schreckhaftigkeit des Pferdes, die sich zum Beispiel in einem ängstlichen Zur-Seite-Springen zeigt. Das Pferd geht nur zaghaft und vorsichtig auf Neues zu. An farbige Objekte tritt es nur widerwillig heran oder weigert sich, daran vorbei zu gehen Es scheut, bremst ab, verweigert und weicht aus. Es ist insgesamt sehr guckig, zeigt Schwierigkeiten beim Verladen und geht nur mit Mühe und viel Geduld auf den Hänger. Das Pferd ist aber nicht stur, sondern unsicher und ängstlich!

Salz Nr. 2: Calcium phosphoricum (Verdünnungsstufe D6) Das Ausbildungssalz

Nr. 2 wird eingesetzt bei »Panikpferden« (vor allem Jungpferden), die eher unkalkulierbar und urplötzlich auf die unterschiedlichsten Dinge reagieren. Sie sind ungehorsam und zeigen ständig die Bereitschaft, in Panik auszubrechen. Sie wirken bei der Arbeit unkonzentriert, zeigen entweder überproportionalen Ergeiz oder sie verweigern die geforderte Leistung. Gelassener Schritt ist kaum möglich, sie trippeln oder galoppieren auf der Stelle. Sie machen ständig Fehler, zeigen fluchtartige, manchmal riskante und unerwartete Reaktionen. Einige Pferde »stellen ihre Box auf den Kopf«, laufen unruhig hin und her bzw. verweigern oder verschlingen regelrecht Kraftfutter und Heu. Sie schlagen gegen die Boxentür und Boxenwände, wollen nicht allein auf dem Hänger stehen und wiehern nach ihren Kumpanen. Diese Pferde sind völlig nervig, sehen meist ausgemergelt aus und schwitzen übermäßig.

Salz Nr. 3: Ferrum phosphoricum (Verdünnungsstufe D12) Das Leistungssalz/Erste-Hilfe-Salz

Das »Sensibelchen« unter den Pferden, aber mit einem Hang, sich irgendwelchen Zwängen deutlich entgegenzusetzen. Es ist empfindsam, ängstlich, scheu, ermüdet schnell, ist kraftlos und sehr liebesbedürftig. Ein Pferd mit Mangel an Nr. 3 steht häufig schlapp und mit »hängenden« Ohren in der Box, ist beim Reiten außerordentlich triebig und schnell erschöpft. Es verweigert sein Futter und ist sehr wehleidig. Bei zu wenig Aufmerksamkeit kann es eigenwillig, ungehorsam und mit leicht aggressiven Unarten reagieren, wie zum Beispiel Kneifen, wenn es nicht gestreichelt oder beachtet wird, oder Treten nach Sporen und Gerte schon bei leichtem Einsatz der Hilfsmittel. Das sensible Tier kann sich in etwas hineinsteigern und dann unangemessen bis panisch reagieren.

Das Salz Nr. 3 ist geeignet nach allen anstrengenden körperlichen Leistungen wie etwa Turniereinsatz, zur Rekonvaleszenz nach langer Erkrankung, Infektionen, nach operativen Eingriffen sowie nach Geburt sowohl für das Fohlen und die Stute.

Nr. 3 ist das Mittel in der ersten Phase einer Entzündung.

Salz Nr. 4: Kalium chloratum (Verdünnungsstufe D6) Das Schleimhautmittel

Bei sonst liebenswerten, häufig eher übergewichtigen Tieren, die untypisch überspannt reagieren, hilft das Salz Nr. 4. Lektionen, die vorher problemlos absolviert wurden, gelingen plötzlich nicht mehr und rufen beim Pferd Anspannung bis Überspannung hervor. Das Reiten wird zum echten Problem – mit völlig unvorhergesehener Gefühlsreaktion wie Buckeln, Steigen, Sattelzwang, Berührungsempfindlichkeit, Verweigerung des Gebisses oder der Annahme von Zügeln. In der Herde zeigen diese Pferde oftmals ein für sie sonst untypisch unsoziales Verhalten. Sie jagen andere Pferde weg oder kümmern sich intensiv um ein bestimmtes Pferd, kehren es weg, adoptieren es und schotten es total von der Herde ab.

Nr. 4 ist ein geeignetes Mittel in der zweiten Phase einer Entzündung.

Salz Nr. 5: Kalium phosphoricum (Verdünnungsstufe D6) Das »Nervensalz«

Sals Nr. 5 ist das Mittel der Wahl bei Nervosität und Konzentrationsmangel. Pferde zeigen hierbei überaktive, nervöse und reizbare Reaktionen, sind übertrieben schreckhaft, total angespannt mit auffällig panischen Angstattacken. Dadurch sind sie extrem schwer händelbar und zeigen Symptome wie Hänger-Panik, also gegen die Hängerwand treten, Steigen oder sich hinschmeißen. Alle einengenden Situationen, wie z. B. das eingedeckt werden oder das Satteln, können mit panisch aggressiven Reaktionen quittiert werden. Das Einreiten gestaltet sich bei diesen Pferden äußerst schwierig und kann zu gefährlichen Situationen für Reiter und Pferd führen.

Im Turniersport sieht man erfahrene Pferde plötzlich panisch auf Fahnenwehen, Kamerablitzen, Applaus oder farbige Dekorationen am Viereck und an den Sprüngen reagieren. Stressfreies Reiten ist mit ihnen kaum möglich, die Pferde zittern, sind verkrampft, zeigen keinen Schritt, atmen extrem erkennbar durch weit aufgeblasene Nüstern. Mitunter sieht man auch die überdeutlich aufgerissenen Augen, wobei das Weiße des Auges erkennbar wird.

Der Schweif ist auffallend unruhig, das ganze Pferd ist äußerst angespannt und unkonzentriert. In der Herde sondert es sich ab, frisst unruhig und die Anwesenheit anderer Tiere überfordert es erheblich. Die überaus belastende Situation lässt das Pferd kaum an Gewicht zunehmen bzw. stets abgemagert aussehen. Hinzu kommt, dass Strafen seitens des Reiters oder Pferdebesitzers die gezeigten Reaktionen nur verstärken.

Salz Nr. 6: Kalium sulfuricum (Verdünnungsstufe D6) Das Fell- und Hautsalz

Plötzliche Verweigerung der gewohnten Mitarbeit bedarf der Nr. 6. Zudem zeigt das Pferd eine Art von Steifheit und lässt sich nicht mehr biegen.

Beim Longieren zeigen sich ein ungleichmäßigen Schritt und Trab und das Abgaloppieren fällt schwer. Es fällt hierbei extrem auf die Vorhand, nimmt das Gebiss nur zögerlich an und hängt in den Zügeln. Entsprechende Korrekturen werden vom Pferd mit sensibler, überempfindlicher bis ängstlicher Reaktion quittiert. Unverständliche Widerwilligkeit, Ungehorsam und Aggressionen sind die Folge. Unruhiges Verhalten in der Box, aber auch aggressives Verhalten zum Nachbarpferd sind nicht selten. Das Pferd will plötzlich mit keinem anderen Pferd auf den Hänger. Deutlich auftretender Muskelkater mit Steifheit nach Durchnässen sind erkennbar.

Nr. 6 ist ein geeignetes Mittel in der dritten Phase einer Entzündung.

Salz Nr. 7: Magnesium phosphoricum (Verdünnungsstufe D6) Das Krampfmittel

Die Nr. 7 hilft Pferden mit gesteigerter Schmerzempfindlichkeit und Krampfneigung. Diese Tiere sind extrem unruhig, laufen in der Box hin und her, wehren in ungewohnter Weise ihre Besitzer ab, beruhigen sich nicht und lassen sich nicht ablenken.

Sie zeigen diffuse Ängste und Unsicherheiten bei allen neuen Anforderungen und haben Angst, etwas falsch zu machen. Teilweise nehmen die Pferde dem Reiter schon die nächste Aufgabe vorweg, sind also immer einen Schritt voraus. Dabei verausgaben sie sich und zeigen wechselnde Stimmungen und schnelle Erregbarkeit bis hin zu Hysterie.

Es kommt eine nervöse Ungeduld hinzu. So lassen sich diese Pferde nur sehr schlecht beschlagen, was mit Belastungen für Pferde-

besitzer und Schmied verbunden ist. Ebenso werden Verladen und der Transport zum Geduldsspiel für den Reiter, mit oftmals unkalkulierbaren, panischen und hysterischen Reaktionen der Pferde.
Oft liegt das typische Bild eines zur Kolik neigenden Pferdes vor. Unruhe strengt das Pferd an, es schwitzt stark, legt sich hin, wälzt sich, scharrt mit den Hufen, dreht und schlägt den Kopf in Richtung Bauch. Die Unart »Koppen« kommt hierbei besonders häufig vor.
Gleichzeitig ist das Pferd ein hastiger, gieriger Fresser, wobei die optimale Futteraufnahme nicht garantiert ist. Es kommt immer wieder gehäuft zu Blähungen und Windkoliken.
Nr. 7 ist gut einsetzbar bei allen Stresssituationen, bei Turnieren, auf der Deckstation für Stute und Hengst und bei allen außergewöhnlichen Belastungen.

Salz Nr. 8: Natrium chloratum (Verdünnungsstufe D6) Das Wasserhaushaltsmittel

Eigenbrötlerische, abweisende Tiere, die keine Veränderungen mögen und extreme Zuwendung brauchen, bedürfen der Verabreichung des Schüßler-Salzes Nr. 8.
Die Pferde schauen mit hängendem Kopf zur Wand, lassen sich nicht ansprechen und sind äußerst wehleidig. Sie wollen nur die vertraute Umgebung und vertraute Bezugsperson, Fremde werden abgewehrt.
Häufig haben diese Pferde schon böse Erfahrungen gemacht. Sollten Situationen nur ansatzweise ähnlich sein, reagieren sie entweder mit Apathie oder deutlich aggressivem und gereiztem Verhalten. Haben diese Pferde jemals einen unverhältnismäßigen Einsatz mit der Gerte erlebt, wird es schon bei dem Anblick der Gerte zu entsprechenden Reaktionen kommen.
Diese Pferde haben ein »Elefantengedächtnis«, schon kleinste Erinnerungsanlässe rufen also alte Muster ab und können für Reiter und Pferd zu gefährlichen Stressreaktionen führen.
Häufig sind diese Pferde triebig und arbeiten nur unwillig mit. Neue Aufgaben werden nur widerwillig angegangen. Zuspruch, Belohnung und Motivation helfen nur wenig. Ungeduldige Reaktionen des Reiters führen zum Rückzug des Pferdes.

Salz Nr. 9: Natrium phosphoricum (Verdünnungsstufe D6) Das Entsäuerungsmittel

Bei einem Kandidaten für das Salz Nr. 9 handelt sich meist um ein wohlproportioniertes Tier, welches wohl willig mitarbeiten kann, sich aber ebenso schnell müde und matt den reiterlichen Anforderungen widersetzt. Nach der gewohnten Arbeit kann es plötzlich »sauer« werden. Es reagiert bockig und widerwillig, ist mürrisch und missmutig.
Das Pferd hat seinen »eigenen Kopf« und will sich durchsetzen. Ständig bettelt es um Futter und ist nicht satt zu bekommen. Vergleicht man einen Warmblüter mit dem landläufigen Bild eines gemütlichen, eher geduldigen »Kaltblutes«, so kommt man dem Mittelbild eines Pferdes von Nr. 9 schon sehr nahe. Allerdings sollte man hier beachten, die Geduldsschwelle nicht zu überschreiten.

Salz Nr. 10: Natrium sulfuricum
(Verdünnungsstufe D6)
Das Entgiftungssalz

Markantestes Beispiel für das Salz Nr. 10 ist ein zum Übergewicht neigendes Pferd, das matt und abgeschlagen ist und daher wenig Leistungsbereitschaft zeigt.
Es handelt sich hierbei um das Pferd, das dauernd angetrieben werden muss. Vor allem reagiert das Pferd mit Arbeitsverweigerung bei kaltem, nassem, nebligem Wetter, es muss sich erst einlaufen, zeigt deutliche Steifheit und vermehrte Frustreaktionen bei weiterer Aufforderung zu Leistungen. Bei Unbehagen kommt es plötzlich zur Explosion und zu kopflosen Reaktionen wie steigen, losreißen, beißen und treten.
Hat das Pferd sich dann endlich beruhigt, steht es traurig und erschöpft in der Ecke – vergleichbar mit der »beleidigten Leberwurst«, die durchaus auch zu cholerischen Reaktionen neigt.
Es verweigert meist Kraftfutter und nimmt bevorzugt mit Kräutern durchmischtes Heu auf, frisst gerne Löwenzahn und andere Kräuter mit Bitterstoffen.
Übrigens reagiert das Pferd unwillig auf Eindecken.
Das Salz Nr. 10 ist besonders geeignet als Entgiftungssalz.

Salz Nr. 11: Silicea
(Verdünnungsstufe D12)
Wichtigster Bestandteil aller Organe

Die Nr. 11 wirkt insbesondere auf Wachstumsverzögerung junger Pferde oder Pferde, die eher zurückgebliebenen und von sehr zartem Körperbau sind. Pferde die einen Mangel an Nr. 11 haben, sind überempfindlich und reagieren äußerst schreckhaft auf Geräusche und Licht.
Sie sind eher zurückhaltend, scheu, rasch erschöpft und zittern schnell. Es zeigt sich außerdem eine übermäßige Empfindlichkeit auf Kälte, die Pferde »frieren« also schnell. Diese Empfindsamkeit wird auch nervlich sichtbar eben in Übererregbarkeit und Konfliktunfähigkeit.
Derartige Tiere sind ständig überfordert, schweißnass schon bei geringster Anstrengung und hochgradig nervös. Es handelt sich in der Regel um zuverlässige Pferde, welche aber durch ihre Übernervosität nicht zu den einfachsten gehören.
Sie überfordern sich selbst, da sie noch Leistungsbereitschaft zeigen, wenn meistens schon nichts mehr geht. Sie werden daher von überehrgeizigen Reitern oftmals ausgenutzt. Zittern und Zucken der Gliedmaßen nach dieser Überforderung sind nicht selten.
Die Pferde sind sehr wählerisch in der Futteraufnahme, verweigern etwa die »Leckerli«, können eigensinnig und sturköpfig sein mit minimalem Selbstvertrauen, obwohl sie oftmals überdurchschnittlich intelligent und gelehrig sind.
Bezeichnend ist auch die übertriebene Schmerzempfindlichkeit. Schon beim Anblick eines Tierarztes kann es zu Fluchtreaktionen bis Panik kommen. Im Mittelpunkt stehen Symptome wie unverhältnismäßige Reaktion auf Licht, Geräusche, Lärm, Erschütterungen, Kälte- und Witterungswechsel.

Salz Nr. 12: Calcium sulfuricum (Verdünnungsstufe D6) Reinigungs- und Entgiftungsmittel

Bei einem Kandidaten für Salz Nr. 12 handelt es sich, ähnlich wie bei Nr. 11, um ein hyperaktives Pferd. Allerdings zeigt sich hier ein Pferd, welches auf der Wiese ständig Streit sucht und durch seine immer wieder wechselnde Laune – mal aggressiv oder mal ängstlich – den Umgang mit dem Menschen erschwert. Es ist kein typisches Verlasspferd, da die ständige Unruhe Konzentrationsmangel erzeugt. Anforderungen können das Pferd schnell übererregbar machen und zu unkontrollierten Reaktionen verleiten. Hufauskratzen kann plötzlich zum Problem werden, da das Pferd versucht zu treten oder zu beißen. Strafen, die auf Ungehorsam folgen, können erheblichen Unmut des Pferdes erzeugen. Es wird nach Sporen und Gerte getreten, es wird gebuckelt oder plötzlich abrupt angehalten. Vor allem ist dieses Pferd nicht gerne allein in der Bahn, geschweige denn im Stall, auf der Wiese oder auf dem Hänger. Hat so ein Pferd sich einen Partner auserkoren, klebt es regelrecht an ihm. Ist es dann getrennt oder gar allein, wird gegen die Wand getreten, in die Wände gebissen, die Stangen traktiert, selbst starke Verletzungen werden in Kauf genommen wie Aufscheuern der Haut, Scheuern an der Mähne und Selbstverstümmelung. Vorsicht Hufbeinbruch! Weben, Koppen und weitere andere Unarten kommen ebenfalls sehr häufig vor. Interessant ist es zu beobachten, dass Pferde, denen das Salz Nr. 12 fehlt, sich zielsicher die dreckigste Pfütze zum Wälzen aussuchen und gerne in kaltem, dreckigem Wasser baden.

Salz-Nr.-12-Pferde sind auch die Tiere, die Fremden im Stall mit angelegten Ohren unverhältnismäßig heftig drohen und auch beißen oder aggressiv bei Trennung von Pferdefreunden durch Stallwechsel bzw. Wiesenverlagerung reagieren. Oder aber Stuten, die ihre Fohlen übermäßig abkehren und hitzige Verteidigungsstrategien an den Tag legen und selbst langjährige Betreuer angreifen bzw. besonders aggressiv und unverhältnismäßig auf das Absetzen des Fohlens reagieren.

Der Einsatz von Schüßler-Salzen beim Menschen

Nicht nur dem Pferd soll es gut gehen, sondern auch seinem Reiter. Er soll rundum zufrieden, fit und gesund sein.

In diesem Kapitel speziell für den Reiter, werden häufig vorkommende Beschwerden angesprochen. Die Anwendungsempfehlungen der Salze wurden von mir nach bestem Wissen ausgearbeitet, trotzdem sollten Sie die Grenzen der Selbstmedikation beachten, welche ja bereits schon beim Einsatz der Schüßler-Salze für das Pferd mehrfach angesprochen wurden. Ernsthafte Beschwerden machen medizinische Hilfe notwendig. Die Ursachen sollten von einem Fachmann abgeklärt werden.

Begleitend zu medizinisch notwendigen Therapien können dennoch die Schüßler-Salze eine hervorragenden Unterstützung sein.

Viele Menschen schwören mittlerweile auf die Wirkung von Schüßler-Salzen und fühlen sich einfach gut.

Die zwölf Schüßler-Salze im Überblick

Nr. 1	Calcium fluoratum
Nr. 2	Calcium phosphoricum
Nr. 3	Ferrum phosphoricum
Nr. 4	Kalium chloratum
Nr. 5	Kalium phosphoricum
Nr. 6	Kalium sulfuricum
Nr. 7	Magnesium phosphoricum
Nr. 8	Natrium chloratum
Nr. 9	Natrium phosphoricum
Nr. 10	Natrium sulfuricum
Nr. 11	Silicea
Nr. 12	Calcium sulfuricum

Für ein strahlend schönes Aussehen

Wollen Sie etwas für Ihre Vitalität und Ihr gesundes Aussehen tun, kann Ihnen die folgende Mischung wunderbar helfen. Sie können sie so lange einnehmen, wie Sie möchten.

Der Anti-Aging-Schüßler-Tipp

Schüßler Salz Nr. 1
Gegen die Faltenbildung
Schüßler Salz Nr. 6
Vorbeugend gegen Altersflecken
Schüßler Salz Nr. 11
Allgemein gegen Hautalterung

Mischen Sie diese Salze und nehmen Sie zwei- bis dreimal täglich 5 Tabletten von dieser Mischung ein.

Ich empfehle Frauen, die mit Cellulite zu kämpfen haben (oder dieser vorbeugen möchten) die zusätzliche Einnahme der Schüßler-Salze Nr. 2 und 9. Lutschen Sie von jedem Salz 5 Tabletten täglich.

Zur Entschlackung

Wenn Sie etwas für Ihre Gesundheit tun möchten, sollten Sie mindestens einmal im Jahr eine Entschlackungskur machen. Ob Sie diese als Fastenkur mit Tees, frischen Gemüsesäften oder Gemüsesuppe oder in Form einer bestimmten Kur (May-Kur, Hay'sche Trennkost-Kur etc.) durchführen, auf die Unterstützung durch Schüßler-Salze sollten Sie dabei keinesfalls verzichten.

Es eignen sich folgende Salze
Nr. 4 als Bindungsmittel aller Gifte
Nr. 5 Ausscheidung abgelagerter Giftstoffe
Nr. 6 Lebermittel, Zellreinigung
Nr. 8 gleicht Wasser im Körper aus
Nr. 9 unterstützt den Verbrennungsprozess
Nr. 10 reguliert die Körperflüssigkeit

Wichtig ist, dass Sie ausreichend Flüssigkeit in Form von Wasser oder ungesüßtem Tee zu sich nehmen, denn dadurch wird die Ausscheidung erst möglich gemacht. Auch eine Ausscheidung über den Darm sollte unterstützt werden. Hier hat sich besonders die Nr. 10, als Glaubersalz bekannt, bewährt.
Der Körper sollte bei jeder Gewichtsreduzierung mit dem Schüßler-Salz Nr. 10 unterstützt werden. Dieses fördert die Ausscheidung der Ablagerungen im Gewebe und verhindert den so gefürchteten »Jojo-Effekt«.

Die Mischung macht's
Am besten fängt man mit einer Mischung aus den Salzen Nr. 4, 5 und 8 an. Davon nimmt man eine Woche lang dreimal täglich zehn Tabletten ein. Die Tabletten werden entweder in einem Glas Wasser aufgelöst und dann schlückchenweise getrunken. Man kann sie aber auch direkt im Mund zergehen lassen.
Ab der zweiten Woche reduziert man die Menge auf einmal täglich (am besten mittags) zehn Tabletten. Das setzt man dann vier Wochen fort.
Ab der zweiten Woche macht man sich eine Mischung aus den Salzen Nr. 6, 9 und 10. Von dieser Mischung nimmt man mindestens über einen Zeitraum von vier Wochen zweimal täglich zehn Tabletten ein. Diese Kur kann mit halbierter Dosis der Mischungen über längere Zeit nach Belieben fortgeführt werden.

Heißhungersalze

Es gibt spezielle Salze, die den Heißhunger auf bestimmte Lebensmittel beeinflussen:

Gewürztes, Geräuchertes	Nr. 2
Nüsse, Krokant	Nr. 5
Salzige Lebensmittel	Nr. 8
Süßigkeiten, Gebäck, Kuchen	Nr. 9
Milchprodukte, Joghurt, Butter	Nr. 2
Schokolade	Nr. 7
Alkohol	Nr. 8 und 10

Gelüstet es Ihnen nach den hier aufgeführten Nahrungsmitteln, ist eine mehrmonatige konsequente Einnahme von zweimal täglich fünf bis acht Tabletten des entsprechenden Salzes sinnvoll.
Zu beachten ist, dass dem Salz Nr. 9 eine bedeutende Funktion für den Zuckerabbau, den Fettstoffwechsel und den Harnsäureumbau (Übersäuerung) zukommt. Es empfiehlt

sich bei den entsprechenden »Heißhunger-Salzen« eine Kombination mit der Nr. 9. Sie wird dann als zusätzliches Salz, wenn möglich dreimal täglich fünf Tabletten, mit den oben genannten Salzen zusammen eingenommen.

Völlegefühl und Blähungen

Fettes Essen, Lebensmittelunverträglichkeiten oder ab und zu etwas zu viel Wein und Bier können Magen, Darm, Leber und Bauchspeicheldrüse belasten. Auch hierbei können Schüßler-Salze die einzelnen Organe entlasten und bei Beschwerden helfen.

Zu fettes Essen oder zu viel Alkohol
Die wichtigsten Schüßler-Salze:
Nr. 6
entlastet die Leber und stimuliert
die Bauchspeicheldrüse
Nr. 7
entkrampft und fördert die Peristaltik
des Darmes
Nr. 9
fördert die Fettverdauung, entsäuert
und hilft beim Abbau von Zucker
Nr. 10
entschlackt und fördert die Darm-
entleerung
Bei zu viel Eiweiß/Milchprodukten
ist die **Nr. 2** angesagt.

Um nach einer Feier am nächsten Tag schneller fit zu sein, empfiehlt sich die Einnahme der Schüßler-Salze Nr. 3 und 5 für die Durchblutung und damit die Unterstützung der Verdauungsprozesse.

! *Hinweis*

Immer mehr Menschen leiden heute unter einer Unverträglichkeit von Laktose. Die Schüßler-Salz-Tabletten enthalten diese Laktose, da der Trägerstoff der Salze auf Milchzuckerbasis aufgebaut ist. Um eine unerwünschte Reaktion wie Magenschmerzen und Blähungen zu umgehen, löst man die Tabletten in einem Glas Wasser auf, wartet, bis sich der feste Bestandteil der Tabletten auf dem Glasboden abgesetzt hat, und trinkt dann vorsichtig den flüssigen Überstand. Darin befinden sich die Wirkstoffe der Salze, ohne dass man die Laktose mit aufgenommen hat.

Hilfe bei Infekten

Bei Wind und Wetter an die Luft zu gehen und trotz bewölkten Himmels die positive Wirkung der Sonne für Körper und Seele mitzunehmen, ist an sich die beste Möglichkeit zur Stärkung der Abwehrkräfte.
Hier ein paar Tipps, wie man sich durch die Einnahme von Schüßler-Salzen zusätzlich vor Infekten schützen kann:

- **Allgemeine Abwehrstärkung**
  Nr. 3, täglich 5 Tabletten
- **Kreislaufunterstützung/Unterstützung der Durchblutung**
  Nrn. 5, Nr. 7, Nr. 11
  hiervon je zweimal täglich 2 Tabletten
- **Reizhusten**
  Nrn. 2 und 8, je zweimal täglich 4 Tabletten

- **Krampfartiger Husten**
  Nrn. 2, 6 und 7,
  je zweimal täglich 3 Tabletten
  Unterstützend gibt man das Entzündungsmittel der ersten Phase Nr. 3,
  dreimal täglich 2 Tabletten
- **Bronchitis**
  akut: Nrn. 3, 11, 12,
  je 3–4 x täglich 3 Tabletten
  chronisch: Nrn. 4, 6, 10
  je 3 x täglich 3–4 Tabletten
  Bei starkem gelblichem Auswurf nimmt man zusätzlich über den Tag verteilt
  8 Tabletten der Nr. 12.
- **Schnupfen**
  Fließschnupfen Nr. 8
  Stockschnupfen Nr. 4,
  je dreimal täglich 5 Tabletten
- **Heiserkeit**
  akut: Nr. 3 (bei Überanstrengung Nr. 5, 8),
  je dreimal täglich 5 Tabletten
  chronisch: Nr. 2 und evtl. 4 und 7,
  je dreimal täglich 3 Tabletten
- **Mandelentzündung**:
  Nr. 3 als Akutmittel
  sechsmal täglich 2–4 Tabletten
  kombiniert mit 2 und 9,
  je dreimal täglich 2 Tabletten lutschen
- **Mittelohrentzündung**:
  Nrn. 4, 6 und 12 als Mischung zusammenstellen und hiervon dreimal täglich 5 Tabletten lutschen. Zusätzlich von Nr. 3 vier- bis fünfmal 2 Tabletten (Entzündungsmittel der ersten Phase)
- **Leichtes Fieber:**
  Nr. 3 als Akutmittel
  stündlich 1 bis 2 Tage 1 Tablette lutschen
- **Fieber über 38 Grad:**
  Nr. 5 alle 3 Minuten eine Tablette lutschen, bis das Fieber wieder leicht zurückgeht.

Als vorzügliches Zusatzmittel bei allen Infekten, Kopfschmerz und Gliederschmerzen hat sich die so genannte »Heiße Sieben« bewährt. Hierzu werden in heißem Wasser 20 Tabletten der Nr. 7 aufgelöst und sofort schlückchenweise getrunken. Dies kann dann nach einer halben Stunde wiederholt werden. In den meisten Fällen verbessern sich die Beschwerden rasch.

Bewegungsapparat

Hat man ein Tier, kann man sich kaum der Bewegung entziehen. Daher ist es wichtig, dass man beweglich, fit und vital bleibt. Nachfolgend einige Salz-Empfehlungen bei Einschränkungen oder Beschwerden des Bewegungsapparates.

- **Muskelschmerzen akut**:
  Nr. 3 bei allen Überanstrengungen und zur Vorbeugung von Muskelkater. Sofort über den Tag verteilt jede Stunde
  1–2 Tabletten lutschen.
- **Muskelkater**:
  Nrn. 6 und 10 bis zu fünfmal täglich
  je 2 Tabletten lutschen.
- **Muskelkrämpfe**:
  Nrn. 2, 7 und 11 mischen und von dieser Mischung zweimal täglich 10 Tabletten über einen längeren Zeitraum lutschen.

- **Steife Gelenke**:
  Nrn. 1, 2 und 5 mischen und von diese Mischung zweimal täglich 8 Tabletten einnehmen. Zusätzlich zur Entsäuerung nimmt man die Nrn. 8 und 9 dazu. Je drei Tabletten täglich. Salbe Nr. 5 hat sich bewährt.
- **Arthrose**:
  Mischung aus Nrn. 1, 2 und 8.
  Hiervon über mehrere Monate dreimal täglich 6–8 Tabletten lutschen. Nr. 9 und 11 einmal täglich je 4 Tabletten dazu einnehmen.
- **Gelenkschwellung**,
  akute Maßnahme: Von der Nr. 3 in kurzen Abständen 1–2 Tabletten einnehmen. Dann über einen längeren Zeitraum je 10 Tabletten der Nrn. 4, 8 und 11 über den Tag verteilt lutschen.
  Bei Gelenkschwellungen haben sich bewährt: Salben Nr. 3 zur Schmerzlinderung und 9 gegen die Schwellung.
- **Rückenschmerzen**:
  Bei stechenden Schmerzen nimmt man die Nr. 7 (Heiße Sieben), dazu mehrmals täglich ein bis zwei Tabletten der Nrn. 2, 9 und 11.
- **Hexenschuss**:
  Auch hier hilft die Nr. 7 (als Heiße Sieben). Zusätzlich stündlich mehrmals eine Tablette von Salz Nr. 3 einnehmen.
- **Rheuma allgemein**:
  Geht man davon aus, dass Rheuma häufig eine Stoffwechselerkrankung ist, so ist man angehalten, auf eine gesunde Ernährung, viel Flüssigkeitszufuhr und ausreichend Bewegung zu achten. Ungeachet der vielen Symptome des rheumatischen Formenkreises mit Gelenkschmerzen, entzündlichen Veränderungen der Gelenke, Muskel- und Nervenschmerzen sollte man zusätzlich zu allen sinnvollen Maßnahmen (eventuell auch einer Medikamenteneinnahme) die Ein nahme von Schüßler-Salzen nicht unerwähnt lassen.
- **Gelenkrheuma**:
  Zwei Tabletten täglich der Nrn. 3, 4, 8 und Nr. 11. Zur Entsäuerung sollte man mehrmals in der Woche 10 Tabletten von Salz Nr. 9 zusätzlich einnehmen.
- **Muskelrheuma**:
  Hier hat sich eine Mischung aus den Nrn. 6, 7 und 11 bewährt. Über den Tag verteilt sollten täglich 15 Tabletten dieser Mischung eingenommen werden.

Allergien und Hautprobleme

- **Insektenstich**:
  Hier haben sich die Salben Nr. 4 und 8 bewährt sowie die Einnahme der Schüßler-Salze Nr. 2 und 8, stündlich je 2 Tabletten.
- **Hautausschlag allgemein**:
  Nr. 11, bei Entzündungen zusätzlich Nr. 3
  Nesselsucht: Nrn. 2, 4, 5 und 7 (Juckreiz lindernd), alle 3 Minuten abwechselnd eine Tablette.
- **Warzen**:
  Nrn. 4 und 10, über einen längeren Zeitraum täglich je 2–4 Tabletten lutschen.
  Salbe Nr. 1
- **Neurodermitis**:
  Zu Anfang beginnt man mit einer Mischung

aus den Salzen Nr. 6, 9 und 10. Von dieser Mischung nimmt man dreimal täglich 5 Tabletten für mindestens 2 Wochen ein.
Zur Bekämpfung des Juckreizes empfehlen sich die Salze Nr. 5 und 7 sowie eine Behandlung der Stellen mit den Salben Nr. 7 und 11.

- **Hautpilz**:
  Bei Hautpilzerkrankungen ist eine Behandlung mit den Salben Nrn. 8 und 10 sowie die tägliche Einnahme der Salze Nr. 3, 6 und 11 (je 10 Tabletten) anzuraten.
- **Nagelpilz**:
  Nrn. 5 und 8 in Tabletten- und Salbenform verwenden.
- **Hautverletzungen**:
  Blaue Flecken, Blutergüsse oder kleine offene Wunden können zur besseren Abheilung mit den Salzen Nr. 3 und 11 behandelt werden. Mehrmals täglich zwei bis fünf Tabletten.
  Auch Salben Nr. 3, 5 und 11 sind ideal.

Reisekrankheit

Sowohl für Menschen als auch für Tiere kann eine Reise beschwerlich sein und zu diversen Problemen führen. So lassen sich mit Schüßler-Salzen bereits vor der Reise Strapazen mildern.

Tipp für Tier und Mensch

Einige Tage vor der Reise sollte man die Salze Nr. 2, 5 und 7 einnehmen. Am Tag der Reise sind zusätzlich die Nrn. 4 und 9 sinnvoll.
Sie nehmen selbst bei Reisekrankheit von jedem Salz 3 Tabletten ein und können je nach Nervenlage auch mehrmals auf die Nrn. 5 und Nr. 7 (bis halbstündlich) zurückgreifen.

Psychische Belastungen und Stress

Kaum jemand kann sich Stress entziehen. Reiter zeigen die unterschiedlichsten Gemütsregungen von nervös bis pessimistisch. Diese Gemütslagen übertragen sich dann auf die Umgebung und letztlich auf das Pferd. Es hat sich gezeigt: gestresste Menschen haben meist auch gestresste Tiere!
Es ist daher sinnvoll, nicht nur sein Tier mit Schüßler-Salzen zu unterstützen, sondern auch selbst entsprechende Salze für den seelischen Ausgleich zu nehmen.

Nr. 1
übertriebener Ehrgeiz, Ungeduld, Reizbarkeit, unbegründete Ängste
Nr. 2
Arbeitswut, Aggressivität, Nervosität, Gefühlskälte
Nr. 3
mangelnde Distanzierfähigkeit gegenüber Zwängen, unangemessene, heftige Erregung
Nr. 4
übertriebenes Mitgefühl für andere führt zu Anspannung und Überdrehtheit
Nr. 5
Nervenschwache Personen, überfordern sich selbst; einzusetzen bei allen psychischen Störungen
Nr. 6
verminderte Reizschwelle, versucht, den Erwartungen anderer übermäßig gerecht zu werden, und überfordert sich extrem

Nr. 7
cholerisch, hastig, eigensinnig, hysterisch, nervöse Ungeduld, hohe Erwartungsspannung, Angst, Verkrampfung

Nr. 8
hohe Empfindsamkeit, eigenbrötlerisch, abweisend, vielfältige Ängste, Hoffnungslosigkeit, Depression

Nr. 9
sensibel mit Stimmungsschwankungen, mürrisch, missmutig bis aggressiv, diffuse Ängste, reagiert oft »sauer« (Übersäuerung)

Nr. 10
feste Prinzipien, übertriebene Grundsatztreue, reagiert dann mit Ablehnung und Frustration, keine Harmonie möglich

Nicht nur dem Pferd soll es gut gehen, sondern auch seinem Reiter …

Nr. 11
schwache Nerven, Minderwertigkeitsgefühle, hohes Maß an Harmoniebedürfnis, Versagensangst, Vernachlässigung der eigenen Bedürfnisse, Nervosität (Mobbingopfer)

Nr. 12
übersteigerte Selbstdisziplin, verzweifeln, fühlen sich unverstanden und zurückgesetzt, wenig Selbstvertrauen (Mobbingopfer wie bei Nr. 11), können aber auch übersteigert ausgelassen und hysterisch sein

Die psychischen Aspekte der Salze geben die Möglichkeit, das passende Salz zu finden und entsprechend einzunehmen. Hier ist es sinnvoll, je nach Gemütslage zwischen 10 bis 15 Tabletten täglich zu wählen und dies über mehrere Monate.

Die unterschiedlichen Typen

Achtung: Sollte sich der ein oder andere in diesen Bildern wieder finden oder glauben, bestimmte Personen erkennen zu können, weisen wir darauf hin, dass Ähnlichkeiten und vermeintlich realistische Beschreibungen bekannter oder unbekannter Personen weder gewollt noch beabsichtigt sind. Hier kann es sich also nur um reine Zufälle handeln!

Tipp zur Dosierung und Verabreichung der Salze:
Bei allen Salzen im akuten Fall 3 x 10 Tabletten täglich für 3 bis 4 Tage.
Bei Abklingen der Symptome Reduzierung auf 3 x 5 Tabletten für 3 bis 6 Wochen.

Salz Nr. 1: Calcium fluoratum
(Verdünnungsstufe D12)

Der Reiter mit Nr. 1-Mangel ist überaus vorsichtig und zaghaft im Umgang mit dem Pferd. Er ist selten der dominierende Part in der Beziehung und nimmt folglich viele Unarten seines Pferdes hin und lässt sie ihm durchgehen. Er ist der unsichere Pferdebesitzer, der nichts falsch machen möchte, viel ausprobiert, vor allem, wenn vermeintliche »Pferdegurus« etwas »Neues« proklamieren. In der Durchführung ist er aber wenig konstant und gibt dem Pferd keine klare Linie, weder beim Reiten noch in der Haltung und im Umgang. Folglich überträgt er die eigene Unsicherheit auf das Pferd.

Weiterhin ist er oft unzufrieden mit sich, ungeduldig, reizbar und wechselt zwischen übertriebenem Ergeiz und großer Antriebs- und Lustlosigkeit.

In der Ausbildung probiert er heute dieses, morgen jenes aus. Es ist derjenige, der immer die neuesten Erkenntnisse von sich gibt, diese aber kaum selber realisiert.

Salz Nr. 2: Calcium phosphoricum
(Verdünnungsstufe D6)

Es sind die leicht nervösen und sehr schnell erschöpften Reiter. Sie verkrampfen sich gerne, da sie auf Biegen und Brechen ihre Ziele durchsetzen möchten. Der Reiter verlangt von seinem Pferd zu viel zu schnell, er reagiert öfter ungerecht, manchmal sogar mit unerwarteter Gefühlskälte. Dafür zeigt er selber Lampenfieber bei Prüfungen. Es ist der ehrgeizige Reiter, der, egal was kommt, seine Ziele durchzusetzen versucht. Er will hart gegen sich selbst sein, hat aber wenig Durchhaltevermögen. Mutlosigkeit, Niedergeschlagenheit und Grübeln wechseln sich ab mit Nervosität und möglicher Aggression. Seine Unsicherheit führt zu Kontaktarmut, und er kann zum Außenseiter der Stallgemeinschaft werden. Die zwanghafte Charakterstruktur führt auch manchmal zu vehementer Verteidigung seines einmal eingeschlagenen Standpunktes (des Reitkonzepts, seines Reitstils und seine Art und Weise, wie er mit seinem Pferd umgeht).

Spezifische und unspezifische Ängste sind für ihn typisch. Diese Menschen haben Angst, übersehen zu werden, Angst vor materiellem Verlust usw. Diese Angst und Unsicherheit lassen sie im übertragenen Sinne die Tiere spüren. Sie überspielen dies durch krampfhafte Verwirklichung ihrer Vorstellung. Oft sind diese Symptome auch recht widersprüchlich.

Selbsternannte »Pferde-Flüsterer«, »Pferde-Gurus« oder Menschen, die meinen, das absolute Alleinwissen im Pferdesport zu haben, niemanden neben sich dulden und ungerecht und manchmal auch übertrieben auf Einwendung oder Kritik reagieren, können auf die Empfehlung von Nr. 2 sehr gut ansprechen.

Salz Nr. 3: Ferrum phosphoricum
(Verdünnungsstufe D12)

Es sind die überaus empfindlichen und sensiblen Reiter. Sie sind unfähig, sich zu distanzieren, nehmen sich alles zu Herzen und leiden. Dieser Pferdebesitzer geht sehr deutlich auf das Befinden des Pferdes ein und verlangt absoluten Einklang. Gelingt dies nicht, reibt er sich ständig mit dem Pferd. Kommt es nicht zum erwarteten Gehorsam, ist der

Reiter stets unzufrieden und kann mit unangemessener, überschießender Erregung kontern. Gelingt dem Reiter etwas nicht, gibt er schnell auf. Auffallend ist häufig die totale Erschöpfung des Reiters. (Meist Zeichen der ersten Phase einer entzündlichen Erkrankung.)
Salz Nr. 3 ist auch einzusetzen bei langen Erkrankungen des Reiters, bei Infektionskrankheiten, Operationen und bei Blutarmut.

Salz Nr. 4: Kalium chloratum
(Verdünnungsstufe D6)

Ein Mangel an Nr. 4 zeigt sich häufig bei übergewichtigen oder zu Korpulenz neigenden Menschen. Dieser Reiter widmet sich dem Pferd mit übermäßiger Hingabe. Er inszeniert sich oft regelrecht, sowohl mit seinem Pferd als auch beim Reiten und neigt häufig zu Überspanntheit. Er legt übertriebenes, recht intensives Mitgefühl für das Pferd an den Tag und ist kaum in der Lage, sich zu distanzieren. Dies bedeutet eine ewige Anspannung des Reiters und wenig Gelassenheit, z. B. beim Reiten. Es kommt zu Misstrauen und trotzdem erhöhter Reizbarkeit gegenüber dem Pferd und anderen Reitern. Er nervt die Gemeinschaft, stellt sich als leidende Person dar, wenn sein Pferd nur die geringsten Problemchen zeigt, ist immer unzufrieden und kann nicht gut mit Kritik umgehen. In der Beurteilung von anderen kann er wenig objektiv sein.

Salz Nr. 5: Kalium phosphoricum
(Verdünnungsstufe D6)

»Kalium statt Valium«, mit dieser Aussage bringt man die Wirkungsweise des Salz Nr. 5 auf den Punkt. Der übernervöse, extrem ehrgeizige und übertrieben fordernde Reiter versucht, das Unmögliche für sich und das Pferd möglich zu machen. Leicht blinder Idealismus, mit daraus resultierender schneller Erschöpfung und der Neigung zu depressiver Verstimmung verdeutlicht den Mangel an Nr. 5. Der Reiter braucht Gelassenheit und zurücknehmende Zielsetzung. Es ist das Mittel, um hektische Zeiten zu überstehen, wenn man überfordert ist und sich neu orientieren möchte. Nr. 5 sorgt für einen erholsamen Schlaf, fördert die Konzentration und eine angemessene Reduzierung der Idealvorstellung des Reiters an sich und an sein Pferd. Wichtig vor einem Turnier: 2 Stunden vorher stündlich 5–10 Tabletten lutschen.

Salz Nr. 6: Kalium sulfuricum
(Verdünnungsstufe D6)

Reiter bei Mangel an Salz Nr. 6 stellen sich deutlich in den Hintergrund und wollen allem und jedem gerecht werden. Es sind die eher unsicheren Pferdefreunde, die übertriebenen Einsatz für das Pferd zeigen wie auch gegenüber anderen Menschen. Sie haben wenig Selbstvertrauen und sind eher unsicher und ängstlich, wobei diese Unsicherheit zu einer verminderten Reizschwelle führen kann. Diese Reiter verhalten sich ihren Pferden gegenüber ungerecht und reagieren schnell verärgert, sind oft traurig und missmutig, was bis hin zu einer destruktiven Stimmung gehen kann. Fehler bei anderen werden hoch stilisiert und nicht akzeptiert, eigene Fehler gar nicht erst registriert. Diese Menschen erlebt man oft als schlecht gelaunte, nie zufrieden zu stellende Ausbilder und Richter.

Salz Nr. 7: Magnesium phosphoricum
(Verdünnungsstufe D6)

Die charakteristischen Symptome bei Mangel an Nr. 7 zeigen sich in körperlicher Hinsicht durch Schmerzen und Krämpfe. Auf psychischer Ebene in diffusen Ängsten und Unsicherheit, vor allem bei neuen Aufgaben und Ereignissen. Die Angst vor einer Blamage oder den Erwartungen anderer nicht gerecht zu werden, machen diesen Reiter unsicher, sehr ängstlich und fördern damit Stress und Ungeduld.

Dem Pferd werden Dinge abverlangt, die es selbst extrem verunsichern. Durch das Verhalten des Pferdes wird der Reiter wütend. Dieses Wechselbad der Gefühle belasten Reiter und Pferd. Es kommt zu vermehrter Verkrampfung des Reiters im Sitz und in der Zügelführung, was wiederum zu Gegenreaktionen des Pferdes führen kann.

Unsachgemäße und cholerische Reaktionen seitens des Reiters können auf Nr.-7-Mangel hinweisen. Häufig sind Schlafstörungen, ausgeprägte Erschöpfungs-, Schwäche- und Erregungszustände eine Begleiterscheinung. Konzentrationsmangel, Vergesslichkeit und langsame Aufnahmefähigkeit verstärken die Unsicherheit und Ängste und führen zu entsprechenden Reaktionen. Bei allen Krämpfen, Kopfschmerzen, Verkrampfungen der Atemmuskulatur, Asthma, Allergien, Koliken, Muskelzuckungen oder Ticks etc. ist die Nr. 7 ideal.

Salz Nr. 8: Natrium chloratum
(Verdünnungsstufe D6)

Dieser Reiter gilt als wenig kritikfähig und extrem nachtragend. Er gilt häufig als Hysteriker, Hypochonder oder Pessimist. Beim Reiten gibt er schnell auf, lässt sich hängen und ist verzweifelt. Er meint immer das schlechteste Pferd zu haben, glaubt, am schlechtesten reiten zu können, und versucht erst gar nicht, mit dem Pferd angemessen zu arbeiten.

Gut gemeinten Ratschlägen von Reiterkameraden tritt er abweisend entgegen. Er zieht sich zurück, gilt als typischer Eigenbrötler und ist oftmals hoffnungslos und verzweifelt.

Salz Nr. 9: Natrium phosphoricum
(Verdünnungsstufe D6)

Dieser Reiter reagiert schnell »sauer« auf jegliche Reaktionen von Pferden und Mitreitern. Ärgerliche, missmutige, manchmal auch aggressive Reaktionen auf Ungehorsam seitens seines Pferdes sind nicht selten. Menschen, die übersäuert sind, neigen meist dazu, ihre Kräfte und den Körper überdimensional beim Reiten und allem Drum und Dran einzusetzen, entsprechen dem Bild eines eher wohlproportionierten bis übergewichtigen Reiters. Meistens liegt ein Missverhältnis zwischen »Maß und Ziel« vor.

Salz Nr. 10: Natrium sulfuricum
(Verdünnungsstufe D6)

Dieser Reiter neigt zu Übergewicht. Ihn zeichnet eine übertriebene Prinzipientreue aus. Er lässt sich wenig auf Neues ein und ist extrem standhaft. Kein unbedingter Liebling des Reitlehrers, weil eine Korrektur am Sitz und der Haltung mit »das haben wir aber immer schon so gemacht« quittiert wird, ebenso gibt es wenig Kameradschaftlichkeit, wenn man nicht seiner Meinung ist. Der Reiter bevorzugt kalte Getränke, mag Alkohol und lehnt einengende Kleidung wie z. B. Gürtel ab. Er leidet häufig unter steifen Gliedern, vor allem bei Rheuma-Wetter, und scheint sonst eher »gemütlich« zu sein. Er kann total frustriert reagieren, wenn das Pferd nicht in Verhalten und Leistungen seinen Vorstellungen entspricht. Mitunter zeigen sich Unversöhnlichkeit, Hass, Zorn und Intoleranz.

Salz Nr. 11: Silicea
(Verdünnungsstufe D12)

Unsicherheit, Zurückstellen und Vernachlässigen der eigenen Bedürfnisse sowie Empfindlichkeit gegenüber Licht und Lärm zeichnen das Bild des Reiters bei Mangel an Silicea. Dieser Persönlichkeitstyp hat starke Versagensängste. Als Reiter ist er völlig genervt vor dem Turniereinsatz, dem Ausritt oder allen ungewöhnlichen Situationen.

Es ist ein Reiter mit »schwachen Nerven«, der sich schnell selbst überfordert und dadurch in eine hohe Stresssituation kommt. Schweißnasse Hände sind typisch, seine Achselschweißbildung ist ebenso verstärkt und riecht häufig übel.

Er ist meist hagerer Statur und neigt zu Bindegewebsschwäche, die wiederum in der Reiterei zur Überforderung führen kann.

Der Reiter hat oft genaue Grundsätze, ist zuverlässig und klar strukturiert. Er arbeitet gerne mit dem Pferd, kann sich aber in unvorhergesehenen Situationen kaum zusammennehmen. Er kann dem Pferd die geforderte Sicherheit und Zuverlässigkeit nicht geben.

Dafür steht er aber 100-mal in der Nacht auf, um bei Erkrankungen des Pferdes, alle Veränderungen festzuhalten oder die Medikamente zeitgenau einzugeben. Er umsorgt und pflegt sein Pferd bis zur Selbstaufgabe.

Salz Nr. 12: Calcium sulfuricum
(Verdünnungsstufe D6)

Der Reiter zeigt, ähnlich wie bei Silicea, eine übersteigerte Selbstdisziplin und verzagt schnell, wenn sich seine Anforderungen – vor allem an sich selbst – nicht erfüllen. Hier liegt das Bild des sich selbst überschätzenden Reiters und Pferdebesitzers vor, der alles zu tun glaubt, was möglich ist, wider Erwarten enttäuscht wird und dann total verzweifelt ist. Er gerät leicht in die Opferrolle und reagiert dann oft sehr traurig.

Das Pferd dieses Menschen ist meist dominant. Die ganze Aufmerksamkeit gehört dem Pferd, und der Reiter ist dann erstaunt, wenn es ihm nicht gehorcht. Bei Widerwilligkeit wird das Pferd zwar zurechtgewiesen, dies geschieht dann aber so inkonsequent, dass es vom Pferd wenig ernst genommen und es dem Reiter meist die Überlegenheit deutlich macht. Diese Pferde sind unerzogen und können dem Menschen gegenüber gefährlich werden, da sie keinerlei Grenzen kennen. Hier haben die Besitzer deutlich versagt, nicht die Pferde.

Der Pferdebesitzer, der einen extremen Mangel an Nr. 12 aufweist, ist ein verzweifelter Reiter, der sich nicht erklären kann, warum sein Pferd nicht »gehorcht«, wo er sich doch so anstrengt. Er idealisiert sein Pferd, obwohl es häufig eher unangenehm und kompliziert im Handling ist. Anregungen von außen können mit Zorn, übertriebener Aggression oder übersteigerter Ausgelassenheit beantwortet werden.

Einsatzgebiete der Schüßler-Salze von A–Z

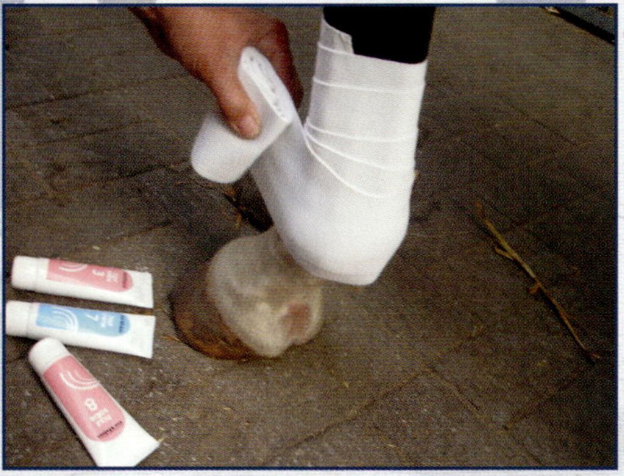

Einsatzgebiete der Schüßler-Salze von A–Z

Die nachfolgend genannten Einsatzgebiete sollen nicht dazu auffordern, Pferde im Alleingang zu behandeln. Sie sollen lediglich Anregungen geben, welche Salze in diesem Zusammenhang sinnvoll sein können. Lassen Sie die Erkrankung stets von einem Fachmann abklären.
Es müssen keinesfalls alle angegebenen Salze zusammen verabreicht werden. Sinnvoll ist die Kombination von maximal drei bis vier Salzen. Vergleichen Sie daher die Salzbeschreibungen in Zusammenhang mit dem Einsatzgebiet für Ihr Pferd.

Abgeschlagenheit: Nr. 3, 11
Abmagerung: Nr. 2, 3, 5, 9, 11
Abmagerung, trotz gutem Fressen: Nr. 1, 3, 11
Absonderung, weißlich, eiweißartig: Nr. 2
-, weiß und zähflüssig, Fäden ziehend: Nr. 4
-, chronisch, eitrig, ockerfarben, vorwiegend aus der Nase, NNH: Nr. 6
-, wässrig hell, schleimig oder glasig, fließend, oft übel riechend: Nr. 8
-, rahmartig, von weiß gelblicher oder goldgelber Farbe, eitrig, flockig: Nr. 9
-, gelblich bis grüne Farbe, scharf riechend: Nr. 10
-, blutig, dicke eitrig gelbe bis grünliche Farbe: Nr. 12
Abszess, eitrig: Nr. 5, 9, 10, 11
-, übel riechend: Nr. 10 (als Joker Nr. 12)
-, der sich schwer öffnet: Nr. 12
-, generell: Nr. 9, 10, 11
Abwehrschwäche: Nr. 2, 3, 5, 9, 11
Allergie, allgemein: Nr. 2, 3, 4 evtl. 8 und 10
-, mit flüssigem Nasenschleim (Heuallergie): Nr. 8
altes Pferd: Nr. 1, 2, 3, 7, 9, 11
Anämie (Blutmangel): Nr. 2, 8
Angst: Nr. 2, 5, 11
Antibiotikagabe, danach: Nr. 3, 10
Antriebslosigkeit: Nr. 3, 5, 9
Antiseptikum: Nr. 5 und 8
Apathie: Nr. 5, 8, 9
Ataxie: Nr. 1, 2, 3, 5, 7
Aphten, mit weißlichem Rand: Nr. 4
Appetit auf Bitterstoffe, Löwenzahn etc.: Nr. 10
Appetit, gesteigert, Verlangen nach Leckerli: Nr. 9
Appetitanregend: Nr. 2, 3, 8, 10
Appetitmangel: Nr. 3, 7, 11
Appetitverlust: Nr. 3, 5, 6, 8
Arterienverkalkung: Nr. 1, 2, 7, 8, 9
Arteriosklerose: Nr. 1, 2, 11
Arthritis: Nr. 1, 8, 11
Arthrose: Nr. 1, 2, 8, 9, 11
Asthma, Auswurf gelblich, zäh, rahmartig: Nr. 9
Asthma, Hauptmittel: Nr. 4 + 10
Asthma, mit grünlich-zähem Schleim: Nr. 3, 5, 8, 10 (Joker Nr. 12)
Asthma, mit krampfartigem Husten: Nr. 2, 7, 10
Asthma: Nr. 4, 6, 8, 9, 10
Atembeschwerden, bei Anstrengung: Nr. 3, 7, ggf. 6
Atemnot, Kurzatmigkeit: Nr. 5, 7, 9
Atrophie (Muskelschwäche): Nr. 3, 5, 6, 8, 11
Aufbau von Schleimhäuten: Nr. 4
Augen, tränen: Nr. 8, 11 ggf. 7
Augen, trocken: Nr. 8,
Augenabsonderung, gelb, eitrig, ocker: Nr. 6
Augenempfindlichkeit, gegen Licht: Nr. 2
Augenentzündung, mit dicken, goldgelblichen Absonderungen: Nr. 9
Augenentzündung, verklebte Augen: Nr. 3, 4, 9
Augenmuskellähmung: Nr. 5 und Nr. 7
Augenprobleme, chronisch: Nr. 6, 8, 9 ggf. 11
Augenprobleme, generell: Nr. 1, 4, 8
Augenschmerzen: Nr. 8, ggf. Nr. 7
Augenverletzungen: Nr. 3 (Nr. 5 und 7)
Ausfluss, gelb, eitrig: Nr. 12
Ausleitung und Ausscheidung: Nr. 4, 6, 8, 10
Ausleitung/Entgiftung: Nr. 4, 6, 8, 9, 10 (Nr. 12 als Joker)
Ausscheidungen, übel riechend, graufarbig, schmutzig, jauchig: Nr. 5, 9 und 10
Ausschlag, akneartig, gelblich, rahmartiger Inhalt: Nr. 9
-, eitrig mit Bläschenbildung: Nr. 12
-, im Rücken-Kreuzbereich, Sattellage: Nr. 6, 8, 11
-, in den Hautfalten: Nr. 10, 11
-, mit Bläschen (heller, klarer Inhalt),

häufig an Körperöffnungen: Nr. 8
-, mit Bläschen: Nr. 11
-, mit Juckreiz, nässend,
vielfach um Körperöffnungen: Nr. 1
-, mit trocken, gelblichen Krusten: Nr. 2
-, nässendes Ekzem: Nr. 3
Austrocknung: Nr. 8
Auswurf, dicklich, gelblich, zäh: Nr. 12
-, schleimig, blutig eitrig übel riechend: Nr. 11
-, schleimig, rasselnd, bei weinig Husten: Nr. 6

Bakterieninfektion: Nr. 5
(gut in Kombination mit Nr. 3 und 8)
Bänderdehnung: Nr. 1 und 11
-, mit Schmerzen: Nr. 3, 9 und 11
Bänderschwäche: Nr. 1, 2, 8, 11
Bänderschwäche, Verhärtungen,
Verkürzung, Vernarbung: Nr. 11, 8
Bänderverkürzung und -verhärtung: Nr. 1,
5 und 11
Bandscheibenbeschwerden (Kissing Spine):
Nr. 1, 2, 7, 11 (Nr. 8)
Bandwurmbefall: Nr. 10
(Nr. 3 anschließend lange verabreichen)
Bauchfellentzündung, Bauchschwellung:
Nr. 3, 4, 6 (ggf. 10)
Bauchgeräusche, starkes Grummeln:
Nr. 6, 9, 10
Bauchmuskelerschlaffung: Nr. 1 und 11
Bauchschmerzen: Nr. 1, 5 und 7
Bauchspeicheldrüsenentzündung
(Pankrea-titis): Nr. 3, 4, 6
Bewegungsschmerz: Unterstützung
mit Nr. 6 + 7 (als allg. Schmerzmittel)
-, bei feuchtem Wetter: Nr. 8
-, bei leichter Belastung: Nr. 5
-, nach vorangegangener Anstrengung:
Nr. 3, 5 und 9
-, besser bei Kälte: Nr. 3
-, schlechter bei Sonne und Hitze: Nr. 8
Bindegewebe, Aufbaumittel: Nr. 1, 11, 12
-, zur Stärkung: Nr. 8, 11
Bindegewebsschwäche: Nr. 1, 9, 11
Bindehautentzündung: Nr. 1, 3, 6, 10
Bindehautentzündung, mit gelblichem
Ausfluss: Nr. 11, ggf. 12
-, mit klar fließender Absonderung: Nr. 8
Blähungen: Nr. 6, 7, 8, 9, 10
-, Gasbildung durch Übersäuerung: Nr. 9
-, schmerzhaft, krampfend: Nr. 7 (Heiße 7)
-, sehr stark, geräuschvoll: Nr. 10
Blähungskolik: Nr. 7 (Heiße Sieben),
hoch dosiert
Bläschenbildung (Maul): Nr. 8 ggf. Nr. 3
als Entzündungsmittel
-, eitrig: 11 und 12
Blasenentzündung, akut: Nr. 3, 4, 9, 10
Blasenentzündung, Blasensteine: Nr. 5, 7, 9
Blasenentzündung mit grünlich-gelbem
Eiter: zusätzlich Nr. 10
Blasenentzündung mit Harndrang, Urin
ist milchig-weiß: zusätzlich Nr. 8
Blasenentzündung, chronisch: Nr. 3, 4, 6, 8,
9, 11, 12
Blasenkrämpfe: Nr. 7
Blasen-Nierenentzündung: Nr. 3, 4, 8,
evtl. Nr. 10
Blutarmut (Anämie): Nr. 2, 3, 8
Blutaufbau: Nr. 2, 8
Blutdruckschwankungen: allgemein Nr. 7
Bluterguss: Nr. 1, 3, 11
Blutgefäße, stark hervortretend: Nr. 1, 3,
11, evtl. 7 und 9
Blutgerinnungsstörung: Nr. 2, 4, 5,
evtl. Nr. 12
Bluthochdruck: Nr. 7 und 8
Blutkörperchen, zur Aktivierung: Nr. 2, 3, 11
Blutungen hell: Nr. 3
Blutungsneigung (Nasenblutungen, Lungen-
blutung): Nr. 2
Blutverdickung, Stärkung der Blutgerinnung:
Nr. 4 ggf. 2 und 12
Blutvergiftung: Nr. 5 und 8
Blutzucker: Nr.4, 6, 8, 9, 10 und 11
(siehe Diabetes mell.)
Bogen auf der Sehne: Nr. 1, 7, 8 und 11
Borreliose: Nr. 7
Bronchialasthma: Nr. 7 (siehe auch Husten)
Bronchialkatarrh: Nr. 6
Bronchitis, bellender Husten: Nr. 2
Bronchitis, chronisch, festsitzender hart-
näckiger Schleim, zäher Auswurf: Nr. 4
Bronchitis, chronisch: Nr. 2, 4, 6, 8
Bronchitis, fadenziehender, zäher Auswurf

oder ganz trockener heftiger Husten,
ohne Schleimabgang: Nr. 10
Bronchitis, generell: Nr. 3 und 11
-, zu Beginn: Nr. 3
-, mit dickem, goldgelbem Auswurf: Nr. 9
-, mit zähem schleimig blutigem Auswurf: Nr. 8
-, rasselnder Husten, lockerer Schleim: Nr. 4
-, schleimig, eitrig, sich schwer lösender
Schleim: Nr. 12
-, trocken, manchmal mit Blut: Nr. 3
-, zur Verbesserung beim Abhusten: Nr. 1

Chipbildung: Nr. 1
Cholesterinspiegel erhöht: Nr. 9, 11

Dämpfigkeit, allgemein: Nr. 2, 3,
Hauptmittel 4, zusätzlich 5 und 7
-, Behandlung nach Antibiotikagabe:
Nr. 5, 8, 10, 12
-, fest sitzender Schleim: Nr. 3, 4, 6
-, Herzleistung unterstützend: Nr. 5
-, mit dickem gelblichem Auswurf: Nr. 9
-, weißer, zäher Schleim: Nr. 4
-, zur Entkrampfung: Nr. 5, 7
Darmentleerung, Durchfall wechselt mit
Verstopfung: Nr. 3, 4 und 10
Darmentzündungen: Nr. 12
-, Durchfall wässrig, blutig: Nr. 3
-, mit schleimig lehmfarbener Entleerung: Nr. 4
Darmgeschwüre: Nr. 12
Darmkolik, typische: Nr. 5, 7, 10
(alle Viertelstunde 20 Tabletten)
Darmkrämpfe: Nr. 7 (alle Viertelstunde
10 Tabletten zur Entkrampfung)
Darmpilz: Nr. 3, 5, 6, 8, 9, 10
Darmträgheit, Verstopfung: Nr. 7, 8 und 10
Diabetes mellitus (Zuckerkrankheit):
Nr. 4, 6, 8
Diabetes mellitus, als Begleittherapie:
Nr. 4, 9, 10, 11
Druse: Nr. 1, 3, 4, 8 ggf. Nr. 11 und 12
Drüsen, Unterstützung: Nr. 4, 7
Drüsenentzündung: Nr. 3, 4, 11
Drüsenschwellung, -entzündung, verhärtete
Drüsen: Nr. 12
Drüsenverhärtungen (Lymphdrüsen, Leber,
Milz): Nr. 1 ggf. 9 und 11
Durchblutungsstörungen: Nr. 2, 3, 4, 10
Durchfall, akut: Nr. 3 hoch dosiert und 8
wegen Wasserverlust
-, besonders bei Nervosität
(s. Ausscheidung): Nr. 1, 2, 5
-, chronisch: Nr. 6, 8, 9
-, gelblich: Nr. 6, 9 und 10
-, hellgelb, geräuschvolle Entleerung
(bei Fohlen übel riechend, faulig): Nr. 11
-, schaumig: Nr. 8
-, im Sommer: Nr. 3 und 8
-, meist unmittelbar nach Futteraufnahme,
krampfartig im Schwall: Nr. 3, 7 und 10
-, morgens schwallartiger wässriger,
stinkender heller bis gelblicher Durchfall,
Kotwasser: Nr. 5, 8 und 10
-, sauer riechend, schleimig: Nr. 9
-, schleimig, grünlich, übel riechend,
dünn = Kotwasser: Nr. 2 und 8
-, stinkend: Nr. 10 (als Joker Nr. 12)
-, faulig riechend: Nr. 5
-, wässrig, wechselt mit Verstopfung:
Nr. 8 und 10
Durst: Nr. 6, 8, 10
-, deutlich verstärkt: Nr. 6, 11
-, übermäßiges Salzbedürfnis: Nr. 8
Durstlosigkeit: Nr. 6

Eierstock -und Eileiterentzündungen: Nr. 3,
Einrisse, Maul, Maulwinkel: Nr. 1, 3, 6, 11
Einsatz, erhöhte Anforderungen im Sport: Nr. 3
Eisenmangel: Nr. 3 und 5
Eiterbildung, Eiterungen: Nr. 9, 11 und 12
Eiterungsprozesse, chronisch: Nr. 12
Eiter, Abfluss fördernd: Nr. 11
Eiterfistel: Nr. 12
Ekzeme, eitrig nässend, schuppig: Nr. 8
-, klebrige Schuppen, klebrige Haut: Nr. 6
-, krustig: Nr. 12
-, nässend (Mauke) oder an der Schenkel-
innenseite: Nr. 11
Elastizitätsverlust: Nr. 1 und 11
Empfindlich, Berühren der Ohren, am Kopf-
bereich, bei Berührung allgemein, Pferd
wehrt sich gegen Striegeln: Nr. 3, 5 und 11
Empfindliche Haut am Maul: Nr. 8, 11
Entgiftung, Entschlackung: Nr. 6, 8, 10, 12

Entgiftung, nach Impfung, Narkose, Medikamenteneinnahme: Nr. 4 und 8
Entschlackung des Körpers: Nr. 6 und 10
Entwicklungsstörungen: Nr. 1, 2, 3 und 11
Entzündliche Prozesse, chronisch, rheumatische Beschwerden: Nr. 4, 6, 9, 11 und 12
Entzündung an und um den Schlauch mit Verhärtungen: Nr. 1, 3, 4, 9
-, eitrig chronisch: Nr. 6, 9, 11 ggf. 12
-, mit hohem Fieber: grundsätzlich Nr. 5 und 8
-, akut: Nr. 3
-, chronisch: Nr. 6, 12
Erektion, schmerzhaft: Nr. 11 (4 und 7)
Erkältung, besteht schon ein oder zwei Tage: Nr. 3 und 4
-, mit leichtem Fieber: Nr. 3
-, besteht schon einige Tage bis eine Woche: Nr. 6
-, zu Beginn der Erkrankung: Nr. 3
Erkältungsneigung: Nr. 2, 3, 11
Erschöpfung: Nr. 3, 5, 11
Erste-Hilfe-Salz bei allen Verletzungen: Nr. 3
Erste-Hilfe-Salz bei Schwellungen, Hitze, Rötung, Schmerz: Nr. 3, 4, 11
Euterentzündung und Verhärtungen: Nr. 1, 3 und 4
Euterentzündung, Schwellung: Nr. 3, 4, 9
-, eitrig: Nr. 12

Fehlgeburt, drohende: Nr. 1, 5, 8
-, nachfolgend: Nr. 1, 2, 3, 5 ggf. 7
Fell, glanzlos, trocken, stumpf, manchmal fettig: Nr. 8
-, stumpf, Haare brechen: Nr. 1 und 11
-, Farbveränderungen: Nr. 2, 5, 8,11 evtl. 9
Fettstoffwechselstörung: Nr. 6, 9
Fettsucht: Nr. 9
Fibromneigung: Nr. 11 ggf. 4 und 8
Fieber, hohes: Nr. 5, 8
-, leichtes: Nr. 3, 5
-, mit Husten: Nr. 4, 6, 8, 11 (Nr. 3 oder Nr. 5 siehe oben dazu)
-, mit Schüttelfrost: Nr.5, 7, 8, 12
-, vorwiegend nach Durchnässung: Nr. 3, 7, 10
-, wechselt vor allem durch Kälte und Nässe: zusätzlich Nr. 8
Fissuren: Nr. 1, 3, 11
Fisteln: Nr. 4, 10, 11
Flechten: Nr. 2, 5, 6, 8, ggf. 11 und 12
Flechten, vorwiegend in den Gelenkbeugen mit scharfer, eitriger Absonderung: Nr. 8, 11 und 12
Fließschnupfen, wässrige, scharf riechende Absonderung: Nr. 11, 12 (immer an Nr. 3 denken)
Fließschnupfen: Nr. 8, 11 (immer Nr. 3 zusätzlich)
Fresslust: Nr. 2, 9
Furunkel: Nr. 1, 9, 11 (Joker Nr. 12)
Gallenprobleme: Nr. 2, 10
Gastritis: Nr. 3, 4, 8 ggf. 9
Gebärmuttersenkung: Nr. 1, 6, 8
Geburt, Schmerzen: Nr. 7
Geburtsunterstützung: Nr. 1, 2, 5, 7
Geburtsschwäche: Nr. 5, 8
Geburtsvorbereitung: Nr. 1, 3, 7
Geburtsnachsorge: Nr.1, 5 und 7
Gebärmutterrückbildung: 1 und 3
Gedächtnisschwäche: Nr. 2, 5, 7
Gefräßigkeit, mit schnellem Sättigungsgefühl: Nr. 8
Gelenkarthritis: Nr. 1, 2, 3, 8
Gelenkarthrose: Nr. 6, 9, 11
Gelenkentzündung, chronisch: Nr. 2, 6, 8, 9
Gelenkentzündung: Nr. 3, 4, 8, 9, 11, 12
Gelenkentzündung, mit Schwellung: zusätzlich Nr. 8
Gelenkentzündung akut: Nr. 3, 4, 8, 7, 11
Gelenkgeräusche, Knacken der Gelenke: immer an Nr. 8 denken
Gelenkknorpelverdickung: Nr. 1, 5, 8, 11
Gelenkprobleme, allgemein: Nr. 1, 4, 7, 8
Gelenkprobleme, chronisch: Nr. 6, 8, 11
Gelenkrheumatismus: Nr. 4, 8, 9, 11 und 12
Gelenkschmerzen, Morgensteifheit, besonders nach längerem Stehen: zusätzlich Nr. 10
Gelenkschmerzen: Nr. 4, 6, 10, 11
Gelenkschwäche, Gelenkprobleme: Nr. 1, 4, 8
Gelenkschwellung: Nr. 1, 4, 5, 8, 9, 10, 11
Gelenkverdickung: Nr. 2, 4, 9, 10, 11
Geschwür, im Maulbereich: Nr. 4 (unbedingt Nr. 3, 5 und 11)

Geschwür, mit harten Rändern: Nr. 1 (zusätzlich 3,11, ggf.12)
-, mit weißlich zähen Absonderungen: vordergründig Nr. 8
Geschwulst: Nr. 1, 5, 11, zusätzlich Nr. 3
Geschwüre, allgemein: Nr. 3, 4, 5, 9, 10 (als Joker Nr. 12 dazu)
Glaukom: Nr. 4, 7, 8, 11, ggf. 5
Gleichbein-Lahmheit: Nr. 5, 7, 11
Gliederschmerzen: Nr. 2, 5, 8
Gliedmaßenschwellung, schwammig (Piephacke): Nr. 3, 4, 8
Gliedmaßenzuckung, -zittern: Nr. 2, 5, 7, 11
Grauer Star (Katarakt): Nr. 1, 4, 8, 5
Griffelbeinfraktur: Nr. 1, 2, 11

Haarausfall: Nr. 5, 6, 11
-, büschelweise: Nr. 8
-, büschelweise, vorzugsweise im Kreuz- und Schenkelbereich: Nr. 8
-, Haarwachstumsstörung, Haarbruch: Nr. 11 (zusätzlich Nr. 3), ggf. Nr. 2 und 5
-, kreisrund: Nr. 5 ggf. 7 und 10
Haarbalgentzündung: Nr. 12
Haarbruch: Nr. 1 und 11
Haarwachstumsstörungen: Nr. 2, 5, 7, 8, 11
Halsentzündung, -trocken mit bellendem Husten: Hauptmittel Nr. 8, dann Nr. 3, 4, 7
Halsentzündungen, chronisch eitrig: Nr. 2, 6, 9
Halsentzündungen: Nr. 3, 4, 7, 9
Harn, sauer, scharf riechend: Nr. 9
Harndrang, schmerzhaft: Nr. 7
-, vermindert oder vermehrt mit Eiweiß: Nr. 2
Harngrieß: Nr. 7
Harnprobleme, Entzündung: Nr. 3, 8 und 10
Harnprobleme, häufiges Urinieren: Nr. 5, 8
-, vermehrt oder vermindert: Nr. 1, 7, 8
Harnsäureerhöhung: Nr. 11
Harnsäureüberschuss im Organismus: Nr. 9 und 11
Harnverhalten: Nr. 3, 7, 10, Pferd kann unter dem Reiter keinen Harn ablassen: Nr. 8
Haut, eitrige Entzündungen der Oberhaut, trockene Haut, Juckreiz, Schuppen, Pilzbefall: Nr. 2, 4, 8, 10
Haut, entzündet: Nr. 6
Haut, faltig, lässt sich leicht abheben: Nr. 11
-, juckt, überempfindlich: Nr. 7, 11
-, nässend: Nr. 1, 2, 6
-, rissig, rau, Einrisse an den Maulwinkeln, Pferdelippen extrem trocken, reißen auf: Nr. 1, zusätzlich Nr. 3, 4, 11
-, schuppig, trocken, wiederkehrende Entzündung mit Eiterbildung: Nr. 6, 11
-, sehr empfindlich: Nr. 3, 11,
-, stark juckend bei Allergien: Nr. 5, 7 (differenzierte Wahl der Salze bei entsprechender Allergie notwendig)
-, trocken, unrein, schuppig, reißt schnell ein (Vorsicht mit Zäumung): Nr. 8
-, trocken: Nr. 4, 8, 11
Hautausschlag mit wasserähnlichem Inhalt: Nr. 8, 10
-, Reaktionen auf Impfungen mit Bläschenbildung: Nr. 4, 5 und 8
Eitrige Impfreaktion: Nr. 9, mit Schwellung: Nr. 11
Hautausschlag: Nr. 3, 6, 9, in Hautfalten Nr. 10 und Nr.11, auf der Sattellage, Kreuz- und Rückenbereich: Nr. 6, 8 und 11
Hautentzündung: Nr. 3, 11
Hautentzündungen, mit nässendem Ausschlag: Nr. 10
Hautflechte: Nr. 2, 6, 8
Hautinfektion, allgemein: Nr. 3, 9, 11
Hautinfektionen, bakteriell und viral: Nr. 5, allgemein Nr. 9 und 11 zusätzlich
Hautinfektionen, Wundheilung deutlich verschlechtert mit Eiterbildung: Nr. 12
Hautjucken, Haut trocken, spannt: Nr. 8 (denke an Nr. 5 und Nr. 7)
Hautknötchen: Nr. 1, 4, 10
Hautpilz: Nr. 1, 4, 8, 10
Hautprobleme, gelblich-braune Hautfarbe, Nachlassen der Pigmentierung, Haut trocken, rau, schuppig: vordergründig Nr. 6
Hautrötung, rote knollige Flecken: Nr. 11, evtl. Nr. 3 und 7
Hautschorf, schuppig, unrein: Nr. 4
Hautveränderungen: Nr. 6, 11
Heiserkeit: Nr. 3
Hengst, Geschlechtstrieb erhöht: Nr. 7, 8, 11

Hengst, Geschlechtstrieb vermindert: Nr. 2, 8, 9
Herpes: Nr. 8, 10 und 11
Herpesinfekt: Nr. 3, 8, 11
Herzleistungsschwäche: Nr. 3, 5, 7
Herzprobleme: Nr. 5, 7
Herzrasen: Nr. 2, 5, 7
Herzrhythmusstörung: Nr. 2, 5, 7, 8
Herzschwäche: Nr. 2, 5, 7
Herzvergrößerung: Nr. 1, 9, 10 (zusätzlich an Nr. 5 + 7 denken)
Heuallergie: Nr. 4, 8, ggf. 3, 6 und 9
Hodenentzündung: Nr. 2, 3, 4, 6
Hodenverhärtung/-schwellung: zusätzlich Nr. 1
Hormonstörungen: Nr. 4, 6
Hormonveränderungen: Nr. 6
Hornhautentzündung: Nr. 1, 2, 3
Hornspalte: Nr. 1, 8, 11
Hörprobleme: Nr. 4
Hufbeinentzündung: Nr. 2, 3, 4, 5
Hufbeinfraktur: Nr. 1, 2, 11
Hufdeformation: Nr. 1, 9, 11
Hufe, spröde, Hornspalte: Nr. 1, 8
Hufe, spröde, trocken, rissig: Nr. 1, 8, 11
Hufprobleme: Nr. 1, 4, 8, 11
Hufrehe: Nr. 1, 6, 8, 9 + 10, zusätzlich als Joker Nr. 12, bei starkem Schmerz Nr. 5, 7
Hufrollenentzündung: Nr. 1, 4, 6, 10, bei Schwellung zusätzlich 8, bei starken Schmerzen 5 + 7
Hufrollenveränderung: Nr. 1, 3, 9
Hüftgelenkerkrankung: Nr. 1, 2, 11
Husten allgemein hinzufügen: Nr. 3, ggf. 7
-, Beginn mit zähem, riechendem Nasenausfluss, schleimig mit Rasselgeräuschen: Nr. 6
-, deutlich bellend und abends verschlimmert: Nr. 6
-, eher nachts, bei Durchzug und Nässe: Nr. 6
-, eitrig, lockerer bis schwer lösender Schleim: Nr. 12
-, krampfartig, trocken, bei Anstrengung, asthmaähnlich: Nr. 8, evtl. 7
-, krampfartig: Nr. 7
-, kurze, schmerzhafte Attacken, Reizhusten: Nr. 11
-, mit Abgang von Luft und Urin möglich, durchsichtig klare Absonderung: Nr. 8
-, mit dickem, gelblichem Auswurf: Nr. 9 (Asthma)
-, mit grünlich-zähem Schleimauswurf: Nr. 10
-, mit schwer löslichem, gelb-grünlichem Auswurf: Nr. 10
-, morgendlich: Nr. 10
-, trocken, Reizhusten: Nr. 3
-, trocken, zäh: Nr. 10
-, vorwiegend nachts, schwer, krampfartig: Nr. 11
Hysterie: Nr. 5 und 7

Immunschwäche: Nr. 2, 3, 6, 7, 9, 11
Impfallergie an der Haut: Nr. 4, 6, 10
Impfreaktion, eitrige Reaktionen: Nr. 9, 11, 12
-, mit Schwellung: Nr. 11
Impfreaktionen, entzündliche Veränderungen der Einstichstelle: Nr. 9
Impfung, zur Ausleitung: Nr.4, 6, 9, 10
-, zur Vorbeugung möglicher Reaktionen: Nr. 4, 6, 10
Infektion, Anfangsmittel: Nr. 3
-, hohes Fieber: Nr. 5
-, leichtes Fieber: Nr. 3
Infektionskrankheiten, beim Abklingen: Nr. 6
Infektionsneigung: Nr. 12
Insektenstich: Nr. 2, 4, 8, 11
-, bei Hornissenstichen unbedingt im Wechsel Nr. 8 mit Kalium Phosph Nr. 5
Insektenstich-Allergie: Nr. 4, 8, 11

Juckreiz: Nr. 2, 7, 9, 10

Kallusbildung: Nr. 1, 2, 8, 11, 12
kälteempfindlich: Nr. 1, 8
Karies: Nr. 1
Kastration, Entzündungen und Verhärtungen danach: Nr. 1, 3, 4
-, mit Harninkontinenz: Nr. 8
-, nachher: Nr. 3, 4, 5
-, Ödembildung: Nr. 8 (zusätzlich)
-, vorher: Nr. 3, 5
Kastrationsprobleme, Verhärtungen und Schwellungen, schlechte Narbenbildung: Nr. 1, 8
Katarrh: Nr. 3, 6 (Joker Nr. 12)

Kehlkopfentzündung: Nr. 2, 3, 4, 5, 9, 11
Kehlkopfkrampf, Kehlkopfpfeifen: Nr. 1, 7
Kieferhöhlenvereiterung: Nr. 3, 4, 6, als Joker Nr. 12
Klaustrophobie (Hängerprobleme): Nr. 5
Knochenaufbau: Nr. 1, 2
Knochenauftreibung (Überbein): Nr. 1, 2, 11
Knochenbruch: Nr. 1, 2, 3, 9
Knochenbruchneigung, Überlastungsbruch: Nr. 1, 2, 7, 9
Knochendeformierung, für Jungtiere/Fohlen sehr wichtig: Nr. 1
Knocheneiterung: Nr. 5, 6, 11, 12
Knochenentzündungen, alle Knochenerkrankungen: Hauptmittel Nr. 1 und 2
Knochenerweichung: Nr. 1, 2, 7, 8, 11,
Knochenhautentzündung: Nr. 1, 3, 4, 11 und als Joker Nr. 12
Knocheninstabilität: Nr. 1, 2, 7
Knochenschmerzen: Nr. 5, 7, 11
Knochenwachstumsstörung: Nr. 2, 5, 7, 11, 12
Knorpelaufbau: Nr. 5, 8
Knorpelschäden: Nr. 3, 5, 8, 11
Kochsalzbedarf, stark erhöht: Nr. 8
Kolik, allgemeine Neigung: Nr. 7 (Heiße Sieben, siehe Abschnitt Darmprobleme)
Windkolik: Nr. 10 zusätzlich
Konzentrationsschwäche: Nr. 2, 5
Konzentrationsstörungen: Nr. 2, 5, 7, 11
Kotwasser: Nr. 3, 8, 10, ggf. 7
Krämpfe aller Art, kurz und sehr schmerzhaft, akut: Nr. 7
Krämpfe, Muskelkrämpfe: Nr. 1, 2, 5 und 7
Kreislaufproblematik: Nr. 2, 4, 5, 8 zusätzlich Nr. 7
Kreuzschmerzen, bei Berührung geht Pferd in die »Knie«: Nr. 5
Kreuzschmerzen, mit Empfindlichkeit der gesamten Wirbelsäule: Nr. 2, 7, 11
Kreuzschmerzen bei älteren Pferden: zusätzlich Nr. 8
Krustenbildung an Nüster: Nr. 12
Kurzatmigkeit: Nr. 5, 6, 7

Lähmungen der Nerven: Nr. 5, 9
Lähmungen, Lähmungserscheinungen: Nr. 5, 7, 8
Lampenfieber: Nr. 7
Lärmempfindlichkeit: Nr. 11
Leber, Hauptmittel: Nr. 6 und 10
Leberentzündung: Nr. 3, 6, 10
Lebererkrankung, Leberstörung: Nr. 4, 6, 10
Leberfunktionsstörung: Nr. 6, 10, 12
Leberschwellung: Nr. 4, 6, 7, 10
Leberstauung: Nr. 4, 6, 7, 10
Lebervergrößerung: Nr. 2, 6
Leberwerte, erhöht: Nr. 6, 10
Lichtempfindlichkeit: Nr. 11
Lidzucken: Nr. 7
Lungenbluten, niemals ohne Tierarzt behandeln!: Nr. 2, 3, 4 (begleitend)
Lungenentzündung: Nr. 3, 4
-, Auswurf schleimig, gelblich, ockergelb, Rasselgeräusche: Nr. 6
-, mit gelblich-grünlichem, zähem Auswurf: Nr. 10
-, zu spät erkannt, verschleppt: Nr. 11
Lungenödem: Nr. 1, 4, 5, 8, 10 (begleitend Nr. 11)
Lymphanregung: Nr. 4, 9, 10
Lymphdrüsenschwellung, entzündet, verhärtet, geschwollen, schmerzlos: Nr. 1, 11
Lymphknotenschwellung, weiche Schwellung: Nr. 4
Lymphknotenschwellung: Nr. 2, 4, 7, 9
Lymphdrüseneiterung: zusätzlich Nr. 11

Magen, nervöser Magen (Turnierstress): Nr. 5, 7, 9
Magen-Darm-Entzündung: Nr. 3, 4, 8, 9,
Magen-Darm-Krämpfe: 5, hoch dosiert Nr. 7 (heiße Sieben), 11, 12
Magenentzündung: Nr. 3, 4, 8
Magengeschwüre: Nr. 5, 8, 11, 12
Magenkrampf: Nr. 7
Magenprobleme, Gastritis: Nr. 9 zusätzlich 7 und 8
Magenschleimhautentzündung: Nr. 3, 4, 5, 8, bei Chronizität an Nr. 6 denken
Mandelentzündung: Nr. 3, 11, 12
Mattigkeit, Müdigkeit: Nr. 3, 5, 9
Mauke: Nr. 1, 3, 8, 11
Maul, eingerissene Maulwinkel: Nr. 1, 3, 8, 11
Maul, empfindlich: Nr. 1, 3, 8

Maulschleimhautentzündung: Nr. 9
Maultrockenheit: Nr. 8
Milchfluss, anregend: Nr. 1, 11
Milchmangel oder Überschuss nach der Geburt: Nr. 8
Milchproduktion, mangelhaft: Nr. 1
Milchüberschuss nach Geburt: Nr. 10
Muskelentzündung: Nr. 3, 7
Muskelerschlaffung, Muskelschwäche: Nr. 3, 11
Muskelkater, Übersäuerung des Körpers: Nr. 3, 5, evtl. 6, 7, 9, 10
Muskelkrämpfe: Nr. 2, 5, 7
Muskellähmung: Nr. 5
Muskelschmerzen: Nr. 1, 3, 7
Muskelschwäche: Nr. 1, 2
Muskelschwund, Muskelschwäche: Nr. 1, 2, 5, 7, 8
Muskelriss: Nr. 1, 2, 5, 8
Muskelrheuma: Nr. 3, 6, 9, 11, ggf. 12
Muskelverhärtung: Nr. 1, 5, 6, 7
Muskelverkrampfung: Nr. 2
Muskelzerrung: Nr. 3
Muskelzittern und Zucken: Nr. 5, 7, 8, 11
Muskelzuckungen: Nr. 7, 8, 11

Nabelbruch: Nr. 1, 3, 11
Nachwehen: Nr. 3, 5, 7
Nackensteifheit: Nr. 1, 2, 7
Narben, Verhärtungen, Wucherungen: Nr. 1
Narbenbildung, verbessernd: Nr. 1, 4, 11
Nasenbluten: Nr. 2, 5, 6
Nasennebenhöhlenentzündung, Nasennebenhöhlenvereiterung: Nr. 3, 6, 8, 10, evtl. 11 + 12
Nebenhöhlenkatarrh: Nr. 4, 6
Nervenentzündung: Nr. 3, 5, 7, 9, 11
Nervenschmerzen (Neuralgie): Nr. 5, 7, 10, 11 (siehe allg. Steifheit)
Nervenschmerzen: Nr. 2, 7 (immer zusätzlich), 11
Nervenschwäche: Nr.2, 5, 7, 11
Nervosität, Hysterie: Nr. 5, 7
Netzhautentzündung: Nr. 3, 4, 12
Nieren-/Harnkolik: Nr. 3, 5, 7, 10
Nierenentzündung, chronisch, mit Eiweißharn: vordergründig Nr. 6
Nierenentzündung: Nr. 3, 4, 8, 9, 10
Nierenstärkung: Nr. 4, 6, 8, 10
Nierenschmerzen: Nr. 7
Nierenschwäche: Nr. 5, 8, 9
Niesen: Nr. 3, 7
Nüsternflügel, wund, geschwollen empfindlich: Nr. 8

Ödeme, Schwellungen, Wasseransammlungen: Nr. 4, 8, 10
Ohrenbeschwerden, Pferd möchte nicht am Ohr angefasst werden: Nr. 10
Ohrenentzündung, eitrig: Nr. 1, 3, 12
Ohrenentzündung, schmerzhaft: Nr. 3, 5, 6, 7
Ohrenentzündung: Nr. 1, 3, 5, 11
Ohrenentzündungen, äußerlich wie innerlich mit Absonderungen und Schuppen: Nr. 6
Ohrentzündung, mit eitrigem Ausfluss: Nr. 12
Ohrentzündung, schuppige Haut, stark riechende Absonderung: Nr. 9
Ohrfurunkel: Nr. 4, 9, 11
Operation, bei offenen Wunden: Nr. 5
-, für gute Narbenbildung: Nr. 11
-, Nachbehandlung: Nr. 2, 3, 4, 11
Operationsvorbereitung: Nr. 3, 4
Organsenkung: Nr. 1, 3, 11
Organverhärtung: Nr. 1
Osteoporose: Nr. 1, 2, 5, 7, 11, 12

Parodontose: Nr. 1
Piephacke: Nr. 1, 11, evtl. 8
Pigmentierung, nachlassend: Nr. 6, 11
Pilzbefall der Haut: Nr. 1, 4, 8, 10
Pilzinfektion: Nr. 3, 5, 8
Platzangst: Nr. 2, 4, 5, 11
Prellungen: Nr. 1, 2, 3, 4, 11, bei Schwellung Nr. 8
Pusteln, Pickel, Mitesser: Nr. 9

Quetschungen: Nr. 3, 8

Rachenentzündung: Nr. 3, 4, 8
Regeneration, allgemein: Nr. 1, 2, 3, 5, 12
Reizhusten: Nr. 3, 8, 11
Rheuma: Nr. 3, 6, 8, 9, als Joker Nr. 12
Rheumatische Beschwerden (vorwiegend Knie, Fesseln, Rücken): Nr. 2, 6, 8, 9, 11

Risse im Huf, Lippen, Maulwinkel: Nr. 1, 8
Rosse, deutlich psychische Instabilität: Nr. 5, 8
Rosse, deutlich vermindert: Nr. 8, 9
Rosse, stark: Nr. 1, 2, 8, 11
Rosse, Veränderung durch Hormonstörung: Nr. 6
Rosse, verstärkt, mit Schwellung der äußeren Genitalien, schleimiger Ausfluss: Nr. 7, 8
Rosse, verstärkt, zu früh, zu spät: Nr. 11
Rötung der Augen: Nr. 4
Rücken- und Wirbelbereich, Schmerzen: Nr. 5, 8, 10, zusätzlich Nr. 7
Rückenschmerzen: Nr. 8 kombiniert mit Nr. 7

Säure-Basen-Haushalt ausgleichend: Nr. 5, 8, 9, 10, 11
Scheide, trocken, Stute wehrt Hengst ab: Nr. 8 (ggf. 2 und 7)
Scheidenpilz: Nr. 3, 5, 8
Scheidenvorfall: Nr. 1, 11
Scheuerstellen, chronische Wunden: Nr. 3, 4, 6
Schlangenbiss: Nr. 5 und 8
Schleimbeutelentzündung (Bursitis): Nr. 3, 8, 11
Schleimbeutelentzündung: Nr. 3, 4, 10, 11
Schleimbildung vermindert: Nr. 6
-, vermehrt: Nr. 8
Schlottergelenk: Nr. 8, 10
Schlundmuskelschwäche: Nr. 11
Schmerzen, akut: Nr. 7 hoch dosiert
Schmerzen, chronisch: Nr. 2, 5, 8, 10 und Nr. 11 (bitte Salzbild nachlesen)
Schnupfen, heller Schleim: Nr. 3
Schnupfen, übel riechender Schleim: Nr. 3, 4
Schnupfen, mit weißem zähem Schleim: Nr. 4
Schnupfen, verstopfte Nasen: Nr. 8, 11, als Joker Nr. 12
Schock: Nr. 2, 3, 7
Schreckhaftigkeit: Nr. 11 (ggf. Nr. 9)
Schuppen: Nr. 2, 6, 8, 11
Schwächezustand, z.B. bei Trächtigkeit: Nr. 5, 8
Schweißausbruch (Achtung bei plötzlichem Schweißausbruch!): Nr. 2
Schweißbildung mit deutlichem Geruch, saurer Körpergeruch: Nr. 9
Schweißregulierung: Nr. 11
Schwellung, Genitalien: Nr. 7
-, Gliedmaßen: Nr. 8
-, hart (gutartig): Nr. 1
-, sämtliches Gewebe: Nr. 8
Schwerhörigkeit bis Taubheit: Nr. 6 und 11
Schwielen: Nr. 1
Schwitzen, sehr schnell und stark (bei Turnieren starke Schweißbildung): Nr. 8
-, vorwiegend Hals und Kopfbereich: Nr. 2
Sehnenprobleme, Sehnenentzündung: Nr. 1, 11
Sehnenscheidenentzündung, übermäßige Belastung: Nr. 1, 3, 4, 5, 9, 11
Sehnenschwellung: Nr. 1, 4, 8
Sehnenverhärtung: Nr. 1, 5
Sehnenverkürzung: Nr. 1, 5, 7, 8, 11
Sehnenvernarbung: Nr. 5
Sehnenzerrung: Nr. 5, 7, 11
Sehstörung: Nr. 11
Sepsis mit hohem Fieber: Nr. 5, 8
Sinnesstörung: Nr. 7
Sommerekzem: Nr. 2, 4, 6, 7, 8, 11
Sonnenallergie: Nr. 3, 5, 6, 8 und 10
Sonnenstich: Nr. 3, 5, 8, 10, 11
Spat: Nr. 1, 2, evtl. 5, 11
Spritzenabszess mit Venenverschluss am Hals: Nr. 3, 4, 11
Sprunggelenksgalle: Nr. 11
Spulwurmbefall: Nr. 9
Steifheit, allgemein: Nr. 3, 7
-, bei Hitze schlechter: Nr. 9
-, bei Nässe, Kälte, Nebel schlechter: Nr. 10
-, durch Bewegung besser: Nr. 1
-, durch Bewegung schlechter: Nr. 2
-, morgens und nach großer Anstrengung, Durchnässung, feuchtem Wetter: Nr. 2
-, morgens: Nr. 9
Stichwunden: Nr. 3, 11
Stirnhöhlenvereiterung: Nr. 3, 6, 12
Stockschnupfen: Nr. 4
Stoffwechsel anregend: Nr. 9, 10 und 12
Stoffwechselentlastung: Nr. 6, 8, 12
Stoffwechselerhöhung: Nr. 2
Stoffwechselstörung: Nr. 10
Strahlfäule: Nr. 3, 11
Stützgewebe festigend: Nr. 1, 3, 11

Taubheit: Nr. 3, 4, 11
Trächtigkeit, Stärkung für Geburt, Nachwehen, Erleichterung: Nr. 1, 4, 5, 7
Tränen-Nasenkanal geschlossen: Nr. 8
Tumore begleitend: Nr. 1, 2, 4, 5, 7, 8, 9, 11
Tumorneigung: Nr. 11

Überbein: Nr. 1, 2, evtl. 5, 11
Überdehnung: Nr. 1, 9, 11
Überempfindlichkeit gegen Kälte: Nr. 7
Überfütterungskolik: Nr. 5, 7, 9, 10
Übergewicht: Nr. 9 und 10
Unfruchtbarkeit, Stute: Nr. 3, 12
Unruhe, vor allem nachts: Nr. 7
Urticaria: Nr. 3, 7, 8

Venenentzündung, vorwiegend nach Spritzenabszess: Nr. 3, 4, 11
Venenentzündung: Nr. 1, 4, 7, 9, 11
Verbrennungen: Nr. 3, 8, 9, 11
Vergiftung: Nr. 5, 6, 8, 10, 11
Verhärtungen: Nr. 11
Verletzungen, allgemein: Nr. 3
Verletzungen, Rücken: Nr. 2
Verletzungen: Nr. 3, 11
Verrenkung: Nr.1, 3, 4, 11
Verstauchung, Verrenkung: Nr. 1, 3, 5, 8, 9, 11
Verstopfung, krampfartig: Nr. 3, 7, 8, 9, 10
Verstopfung, chronisch: Nr. 6, 7, 8, 10
-, durch Darmerschlaffung: zusätzlich Nr. 1
-, durch Gasstauung: vordergründ g Nr. 10

Wachstum, für Fohlen und junge Pferde: Nr. 2
Wachstumsschmerzen: Nr. 2
Warzen: Nr. 1, 4, 8, 10
Wehen, vorzeitige: Nr. 5, 7
Wehenmittel: Nr. 7
Weichteilrheumatismus: vordergründig Nr. 12
Windkolik: Nr. 7, 10 (viertelstündlich 15–20 Tabletten in warmem Wasser auflösen!)
Wirbelsäule, geschädigt: Nr. 7
Wirbelsäulenschaden: Nr. 8
Wirbelsäulenschwäche: Nr. 1, 2
Wirbelsäulen-Veränderungen (Kissing Spine): Nr. 1, 2, 7
Wirbelschmerzen: Nr. 1, 5, 7
Wildes Fleisch: Nr. 4, 11
Wucherungen: Nr. 4
Wunde Stellen durch Gurt und Sattel oder Wundreiten: Nr. 3 und 8
Wunden, akut, bei Verletzungen und Blutungen: Nr. 3 sofort
-, mit Schwellungen: Nr. 4, 8, 10
-, offen, eitrig, unangenehmer Geruch: Nr. 9
-, schlecht heilend: Nr. 1, 3, 6, 8, 12
-, schmerzend: Nr. 1, 3, 5, 11
Wundheilung, bei offenen Wunden: Nr. 3, 5, 8
-, fördernd: Nr. 1, 2, 3, 11
Wurmbefall: Nr. 5, 8, 9, 10
Wurmkolik: Nr. 7, 9, 10
Wurmmittel: Nr. 9, 3 immer nach Wurmkur

Zahnanomalien: Nr. 1
Zähne, locker und schlecht: Nr. 1, 2, 9
Zahnfleischabszesse: Nr. 8, 9, 11
Zahnfleischentzündung, mit Schwellung, Blutung: Nr. 3, 4, 5, 12
Zahnfleischschwellung: Nr. 2 und 4
Zahnfleischschwund: Nr. 1, 5
Zahnprobleme: Nr. 2, 5, 7
Zahnschmerzen/Blutungen: Nr. 1, 3, 7
Zahnvereiterungen: Nr. 12
Zahnwachstumsstörungen, Fohlen: Nr. 1, 7
Zahnzerfall: Nr. 2
Zellaufbau: Nr. 2, 5, 8
Zerrung, Quetschung: Nr. 1, 2, 3, ggf. 5 und 11
Zerrungen: Nr. 1, 5, 9, 11
Zittern, Zucken: Nr. 7
Zysten: Nr. 4